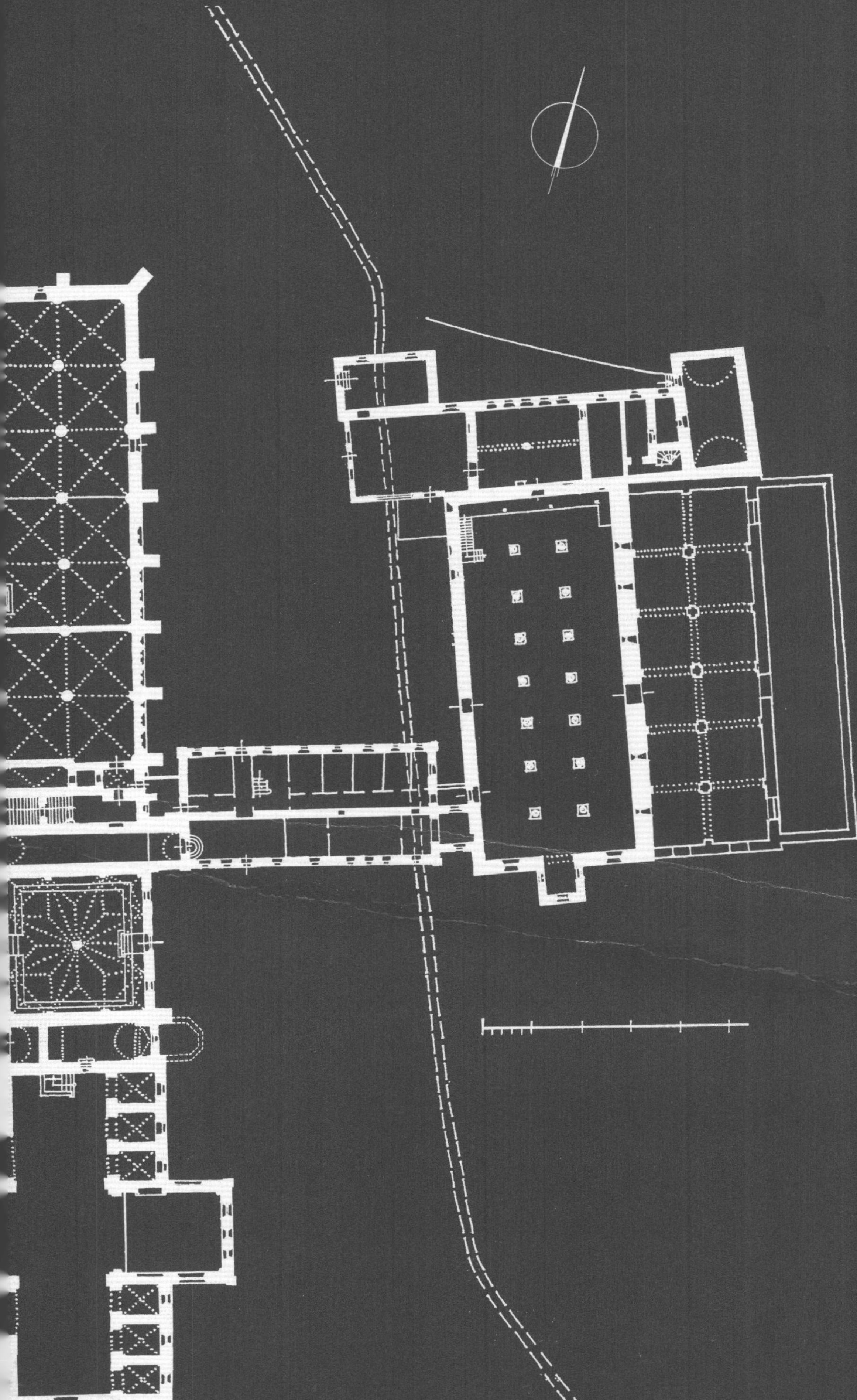

Lisa Farkas | Fotos

Geb. 1961 in Amberg, mehrere Lebensstationen, lebt mit Mann und Kindern in Wiesbaden. Seit 1990 freiberuflich als Fotografin tätig. Tätigkeitsfelder: Journalismus, Event- und Konzertfotografie, Theaterfotografie, Reportagen, Porträts, freie künstlerische Arbeiten. Ausstellungsbeteiligungen im In- und Ausland.

Dr. Matthias Dietz-Lenssen | Text

Geb. 1954 in Trier, seit 1973 in Mainz, verheiratet, 3 Kinder; Promotion in Ethnologie. Dozent und Publizist (u.a. selbständiger Autor und Redakteur der „Mainz Vierteljahreshefte"). Forschungen und Veröffentlichungen zu den Themenbereichen Geschichte, Gastrosophie und Gastronomie, Reisen und Sport.

Titel Klosterkirche – Blick zur Westwand des Mittelschiffes.

Vorsatz Grundriss der zentralen Abteigebäude.

Vorhergehende Doppelseite Detail des Flechtbandfensters (Grisaille) aus der Eberbacher Klosterkirche, um 1180.

Kloster Eberbach

Augenblicke des Unvergänglichen

Fotos Lisa Farkas
Text Matthias Dietz-Lenssen

Vorwort

„Tief ist der Brunnen der Vergangenheit."

Mit diesem Bild leitet Thomas Mann seine Joseph-Tetralogie ein, jene in alttestamentarischer Sphäre angesiedelte Erzählung, die die Relativität des menschlichen Zeitempfindens zum Thema hat. Die Gegenwart und unser Sein erscheinen darin als schon rasch vergänglicher Teil eines epischen Zeitenstromes, der weit im Vorvergangenen beginnt und der sich auf ein unbestimmbares Ende in die Zukunft forterstreckt.

Wie von selbst knüpfen sich hieran die ewigen Menschheitsfragen nach unserem Herkommen und nach den Urgründen unserer eigenen Wurzeln – Fragen, die in der Brunnentiefe dieses großen Werkes ausgelotet werden.

Auch das vorliegende Buch beschäftigt sich – freilich auf ganz andere Weise – mit derlei Fragen. Sein Gegenstand ist die ehemalige Zisterzienserabtei Kloster Eberbach im Rheingau, ein Ort mithin, der ebenfalls viel zu erzählen hat über die Wurzeln und über die Geschichte unserer abendländischen Kultur seit jenen Zeiten, in denen sich der Begriff des Abendlandes überhaupt erst herauszubilden begann. Gibt es doch wohl keine Geschichtsphase, keinen historischen Konflikt, keinen Baustil, keine epochemachende Idee, die seit der Abteigründung im hohen Mittelalter in Eberbach nicht am Werke gewesen wären – und die ihre Spuren nicht bis heute hier hinterlassen hätten!

Die Spuren der Geschichte blieben in unserer Klosteranlage wie in einem großen steinernen Archiv bewahrt, sichtbar für jedermann, der sie zu deuten weiß. Lisa Farkas und Matthias Dietz-Lenssen haben sich auf eine Spurensuche begeben; dieser auf eine historisch verstehende, jene auf eine fotografisch abbildende – beide auf eine von Neugier und Herzensneigung für ihr Objekt beseelte.

Das Kloster ins rechte Bild zu setzen ist einesteils leicht, denn natürlich ist Eberbach überaus fotogen. Wer den in den achtziger Jahren des letzten Jahrhunderts gedrehten Film „Der Name der Rose" kennt, weiß, welch kraftvolle Bilder voller Einprägsamkeit hier entstehen können.

Und doch ist diese Aufgabe andernteils überaus schwer, scheint sich doch die Abtei mit ihren so vielfältigen

4 Barocker Dachreiter auf dem Ostflügel der Klausur.

5 Das Familienwappen des hl. Bernhard, das später als Signet des Zisterzienserordens diente. Glasmalerei aus dem Kreuzgang (Fragment), um 1500, Museum Wiesbaden.

ästhetischen Reizen eher versteckt zu halten. Sie ist ein eher schüchternes Fotomodell, kein schon von weitem staunenmachender Star, wie etwa ganz in ihrer Nähe die trutzigen Burgen am Mittelrhein, das vom Fluss bespiegelte schmucke Städtchen Eltville oder die inmitten ihrer Weinberge thronenden Schlösser Johannisberg und Vollrads.

Diese Bescheidenheit war und ist durchaus Programm. Zisterziensermönche suchten die Einsamkeit abgelegener Orte, um dort ein ganz auf sich gestelltes, der Gottessuche geweihtes Leben zu führen.

Bei der Wahl des Siedlungsplatzes spielte insbesondere der Zugang zu frischem, fließenden Wasser eine große Rolle. Wasser war nicht nur wichtig als Trinkwasser und zum Betrieb der Garten- und Landwirtschaft, sondern es diente auch als Kraftquelle für Mühlen und Werkstätten. Brunnen (und wären sie auch so tief wie die Menschheitsgeschichte!) hätten dies nicht leisten können, und schon deshalb finden sich Zisterzienserklöster im Gegensatz zu denen der Benediktiner niemals auf Anhöhen, sondern fast stets in Bach- oder Flusstälern.

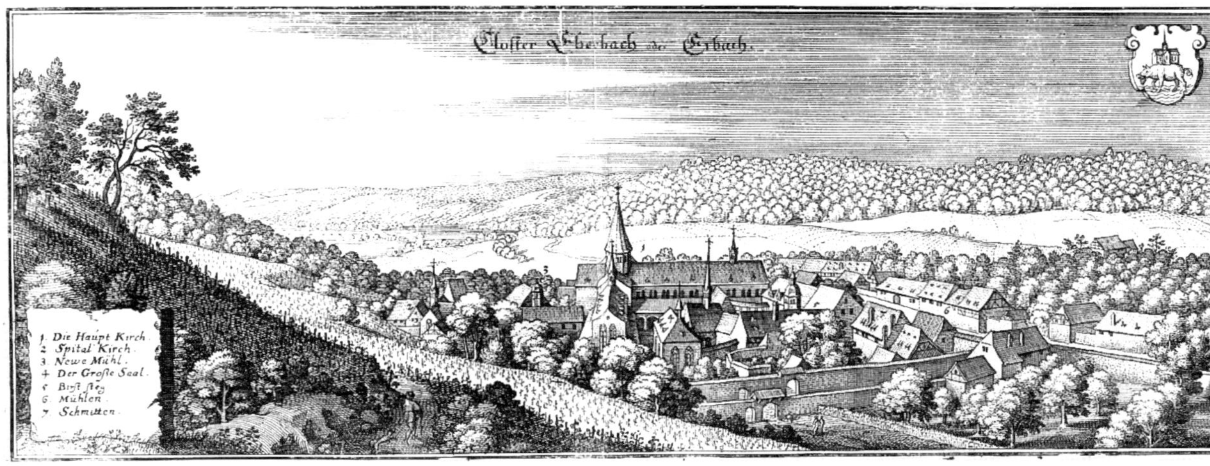

So auch Eberbach, das sich übrigens seine abgeschiedene Lage bis heute bewahrt hat. Wie eh und je eingerahmt allein von Wald und Reben, liegt es im idyllischen Kisselbachtal, einige Kilometer abseits des majestätischen Rheinstroms, der hier auf kurzer Länge einen ost-westlichen Verlauf nimmt und dem Rheingau dadurch eine im Ganzen der Mittagssonne zugeneigte Ausrichtung gibt.

Auch das Bauprogramm der Eberbacher Mönche zeugt noch immer und geradezu mustergültig von der auf Einfachheit bedachten geistigen Grundhaltung des Zisterzienserordens. Fast der gesamte Gebäudebestand ist erhalten, manches freilich wurde von den baufreudigen Äbten im Laufe der Zeit niedergelegt oder umgebaut.

Die Chronologie dieser baulichen Entwicklung von den anfänglich schlichten und schmucklosen Baukörpern aus romanischer Zeit über die zeitlos eleganten gotischen Raumschöpfungen bis hin zu den prachtvollen Barockbauten kündet dabei immer auch von technischem Fortschritt sowie von den fortwährenden Veränderungen in der Geisteshaltung der Bauherrn. Und beides steht wiederum exemplarisch für den allgemeingeschichtlichen Kontext, in den die Geschichte unserer Abtei gestellt ist.

Lage und Anlage der Zisterze Eberbach sind also bis in die Gegenwart erlebbar geblieben. Was aber ist mit dem klösterlichen Leben?

Wer heute nach Eberbach kommt, trifft dort keine Mönche mehr an. Schon vor mehr als 200 Jahren, im September 1803, beendete ein Erlass des eben erst in den Besitz der Abtei gesetzten Hauses Nassau-Usingen die damals fast siebenhundert Jahre andauernde Epoche zisterziensischer Spiritualität an diesem Ort. Nach verschiedenen profanen Verwendungszwecken, die jenem einschneidenden Ereignis folgten – und über die im Anschluss noch berichtet wird –, ist das Kloster heute ein Ort, an dem Bildung, Kunst, Weinkultur und Genuss eine Heimstatt gefunden haben.

Dennoch ist das vormalige Klosterleben auch in der Gegenwart noch immer nachvollziehbar, wenn man sich auf eine wichtige Bestimmungsgröße der hier einst lebenden Klosterbrüder einlässt: die Zeit.

Da ist zunächst die strenge Zeitbestimmung des Lebens der Chormönche. Schon aus den Tagen der biblischen Erzväter stammt die Lehre, wonach Gott der Welt vier Seiten verliehen habe: Morgen, Abend, Mittag und Mitternacht. Diese gottgegebene Taktfolge ist auch seit altersher maßgeblich für den Tagesablauf in allen Klöstern, die auf die Benediktsregel verpflichtet sind: Zum Lob Gottes erklingen in der Klosterkirche zur Morgendämmerung die Laudes, zur Mittagsstunde nach der Sext versammelt man sich im Refektorium zur gemeinsamen Mahlzeit, der Abend gehört der Vesper und der Komplet, dem Nachtgebet, und schließlich endet die kurze Nachtruhe im Dormitorium schon bald nach Mitternacht mit der Matutin, der feierlichen Begrüßung des neuen Tages.

Wie bestimmend diese Tageseinteilung schon für den mittelalterlichen Klosterbetrieb war, zeigt sich daran, dass der gesamte Baubestand der Mönchsklausur an eben jenen vier Weltrichtungen ausgerichtet wurde: Die Klosterkirche wurde mit dem Chorraum auf den

6 Ansicht des Klosters von Norden, Kupferstich von Matthäus Merian d. Ä., 1646. Abteimuseum.

7 Abt Konrad I., Porträt aus einer im Barock entstandenen Abtsgalerie. Mönchsrefektorium.

morgendlichen Sonnenaufgang zugerichtet und also „geostet", die übrigen Klausurgebäude mit Refektorium, Dormitorium, Kapitelsaal, Fraternei, Bibliothek usw. wurden streng rechtwinklig zur Kirche angelegt und sind damit ebenfalls entweder nord-süd- oder ost-west-orientiert.

Dieses Buch zeigt die Eberbacher Klosteranlage, aufgenommen zu den verschiedenen Zeiten des Tages. Dem Betrachter wird die Abtei damit gewissermaßen in Form jener Bilder vor Augen geführt, wie sie auch diejenigen erlebt haben mögen, die hier einst ihr Leben im Dienste Gottes ausführten. Allein die Vielfalt der Lichtstimmungen, die durch die Wucht des Schattenwurfs der gewaltigen Baukörper immer wieder verstärkt und variiert wird, lässt dabei deutlich werden, dass die Zisterziensermönche trotz des herrschenden Verbots ablenkender Bildwerke reich mit Sinneseindrücken ganz natürlicher Art bedacht worden sind!

Neben dem Mönchskonvent – und streng von diesem geschieden – lebte im Kloster der Konvent der Laienbrüder. Diesen so genannten Konversen oblag im Wesentlichen die körperliche Arbeit im klösterlichen Wirtschaftsbetrieb. Für sie war der Einfluss der Zeit daher von anderer Art als für das Leben der Chormönche. Nicht Morgen, Abend, Mittag und Mitternacht, sondern der entsprechende „Vierpass" aus Frühling, Sommer, Herbst und Winter prägte ihr Wirken maßgeblich. Gerade die Landwirtschaft, der sich die Zisterzienser im Unterschied etwa zu wissenschaftlich oder seelsorgerisch ausgerichteten Orden verschrieben hatten, wurde natürlich in besonderer Weise vom Gang der Jahreszeiten bestimmt – und mit ihr das Tagwerk der Laienbrüder.

Eberbach mit seinen riesigen Ländereien, darunter insbesondere auch seine hervorragenden Weinlagen, die noch heute berechtigten Weltruhm genießen, ist hierfür ein Musterbeispiel. Deshalb führt das vorliegende Buch auch mitten hinein in diese bis in die Gegenwart überaus malerische Landschaft, die ihre Prägung bereits von den Mönchen erhalten hat. Die Bilder zeigen dabei zugleich, dass nicht nur die Landschaft, sondern auch die Abtei selbst mit den Jahreszeiten ihr Gesicht immer wieder ändert – und dabei doch stets berückend schön bleibt!

Damit ist unser Bogen gespannt: Es ist der Lauf der Tage, der Gang der Jahre und der Strom der Zeitläufe, die nunmehr, mit sehendem Blick ins Bild gesetzt, zu einer imaginären Reise an einen im Wortsinne bildschönen Ort einladen sollen.

Es wird dies zugleich eine Zeitreise sein, die gedanklich weit in die Brunnentiefe der Vergangenheit zurückreicht. Eine Reise, die eine Ahnung von jenem uranfänglichen „Einst" vermitteln soll, das auch am Beginn der Geschichte Eberbachs stand – und damit zugleich am Beginn einer Geschichte, die fortzuwirken nicht aufgehört hat.

Dr. Jens Jacob
Stiftung Kloster Eberbach

Vinum und Vigilien

Aus der Geschichte des Klosters Eberbach

Einst beschloss der Mainzer Erzbischof Adalbert I. von Saarbrücken, seinen Rheingauer Besitz politisch wie wirtschaftlich zu stärken. Dabei versuchte er unter anderem, wie auch schon seine Vorgänger, durch die Ansiedlung von Klostergemeinschaften die Infrastruktur der Region zu verbessern.

Klöster und Abteien standen in der damaligen Zeit für Fortschritt in Landwirtschaft, Handel und Gewerbe; Kunst, Wissenschaft und Fürsorge. Ihre Bibliotheken waren oft berühmt, die Studienmöglichkeiten sehr geschätzt. Adlige konnten hier ihren Söhnen eine überdurchschnittliche Ausbildung zuteil werden lassen, und die Landesherren konnten auf intelligente Berater mit einem oft großen Beziehungsnetz zurückgreifen.

Es war bereits Adalberts direktem Vorgänger Ruthard von Mainz (1088–1109) Anfang des Jahrhunderts gelungen, ein Doppelkloster der Benediktiner auf dem Bischofsberg (später: Johannisberg) zu gründen. Hier lebten und arbeiteten Mönche und Nonnen – natürlich getrennt – unter der Verwaltung von St. Alban (Mainz).

Adalbert entschied sich nun für eine weitere Ansiedlung im nahe gelegenen Kisselbachtal und unterstützte eine entsprechende Initiative der Augustiner-Chorherren.

Die Historiker streiten sich darüber, warum der Erzbischof dieses Projekt schon nach wenigen Jahren wieder beendete, das neue Kloster aufhob und Grundbesitz wie Gebäude an die Benediktiner vom Johannisberg weitergab. Bis heute halten sich Gerüchte, dass der Lebenswandel der frommen Männer kritikwürdig war.

Die neuen Besitzer waren nun aber entweder nicht in der Lage oder nicht willig, die ihnen überlassenen Gebäude zu versorgen bzw. zu beziehen, so dass Adalbert im Jahre 1136 – rund zwei Jahre vor seinem Tod – einen erneuten Wechsel vollzog und nun den Sacer Ordo Cisterciensis (den heiligen Orden der Zisterzienser) präferierte. Er kaufte das Anwesen für 50 Mark Silber von den Benediktinern zurück und überließ es der neuen Gemeinschaft.

Wer aber waren diese Zisterzienser, von denen der Mainzer Erzbischof so angetan war?

Ora et labora

Das christliche Ordensleben befand sich im 12. Jahrhundert – wieder einmal – in einer Krise. Es ging unter anderem um den Begriff der Armut und die Frage, wie reich ein Kloster sein durfte. Es kam zur Abspaltung strenger denkender Gruppen, die dann entweder als Ketzer verfolgt und bestraft wurden oder aber mit päpstlichem Segen eine neue Gemeinschaft gründen durften. Ein solches „Reformkloster" entstand 1075 unter dem Abt Robert in Molesme, entwickelte sich dann aber seinerseits auch wieder zu einer (zu) reichen Abtei.

Daher wagte Robert 23 Jahre später einen weiteren Neuanfang und gründete unter dem Schutz des Herzogs von Burgund und mit Zustimmung des päpstlichen Legaten ein neues Haus, um in ihm wieder nach der von Benedikt geforderten Armut und Strenge (Regula Benedicti) leben zu können. Der Ort Cîteaux (lat. Cistercium), im heutigen Departement Côte d'Ór gelegen, gab dem sich hier entwickelnden Orden seinen neuen Namen: Zisterzienser.

Etwa fünfzehn Jahre später erhielt das neue Kloster einen starken Aufschwung, als Bernard de Fontaine, ein aus burgundischem Adel stammender junger Mann, gemeinsam mit rund 30 Freunden und Verwandten eintrat. Es ist bei dieser „Hausmacht" nicht verwunderlich, dass er schon kurze Zeit später Abt des Tochterklosters Clairvaux wurde.

Das Leben der Mönche war – auch für damalige Verhältnisse – hart. Die geistlichen Übungen begannen schon bald nach Mitternacht – am frühen Abend ging man zu Bett. Private Unterhaltungen waren verboten. Die Ernährung war kärglich, ein Frühstück beispielsweise unbekannt. Auf Pfründe, wie etwa Einnahmen aus Pfarreien, wurde verzichtet. Die Zisterzienser jener Zeit verfügten auch über keine Ländereien, die von abgabepflichtigen Bauern bewirtschaftet wurden. Der vorhandene Grundbesitz musste selbst bearbeitet werden. Da dies auf Grund der zahlreichen geistlichen Verpflichtungen – wie etwa dem siebenmal täglich stattfindenden Chordienst – aber praktisch nicht durchführbar war, überließ man diese Arbeit den Laienbrüdern. So gesehen war es nur allzu verständlich, dass viele Mönche gelegentlichen Lockerungen ihrer strengen Regeln nicht abgeneigt gegenüberstanden.

Bernhard, der „religiöse Genius des 12. Jahrhunderts" (Karl Heussi), später nach „seinem" neuen Kloster „von

9 Abtssignet, zu lesen: **F**rater **L**eonhard **K**lunckard **A**bbas **E**berbacensis.

Clairvaux" genannt, war ein äußerst charismatischer Mensch, der nicht nur mit viel Erfolg die zisterziensische Interpretation des benediktinischen „Ora et labora" im christlichen Europa propagierte, sondern auch darüber hinaus zahlreiche theologische Diskussionen seiner Zeit inhaltlich mitbestimmte. So vertrat er im so genannten Universalienstreit den „Realismus", der das Allgemeine über das Wirkliche stellte („Universalia sunt realia ante rem"), und stand damit im krassen Gegensatz zu dem Nominalisten Pierre Abaelard, für den dem Allgemeinen – im Gegensatz zum Einzelnen – keine Realität zukam.

Da Bernhard mit seiner Einschätzung die offizielle Kirchenmeinung vertrat und verstärkte, konnte er in seinen Predigten, praktisch unumstritten, kirchen- und letztendlich auch machtpolitisch aktiv werden.

So forderte er, der auch den Beinamen „melifluus" (honigfließend) trug, in seinen sehr engagierten Predigten immer wieder zu einem zweiten Kreuzzug ins Heilige Land auf, der gleichermaßen in einem politischen Chaos wie in einem militärischen Desaster enden sollte. Der Kreuzzug mündete in ein Blutbad, das Christen wie Muslimen zahllose Opfer abforderte und – aus heutiger Sicht gesehen – zu den problematischsten Kapiteln der Kirchengeschichte zählt.

Bernhards Charisma aber, sein politisches Engagement und wohl nicht zuletzt auch die großen Erfolge, die die Zisterzienser in der Landwirtschaft erzielten, waren schließlich ausschlaggebend dafür, dass sich der Mainzer Erzbischof Adalbert 1135 dazu entschloss, diesen Orden den offenbar nicht allzu aktiven Benediktinern vorzuziehen und an den Kisselbach zu rufen.

Die geradezu explosionsartige Verbreitung des Zisterzienserordens (bereits zu Bernhards Lebzeiten zählte man rund 350 „Zisterzen") ist auf das von ihnen praktizierte System der „Filiation" zurückzuführen: War eine „Mutterabtei" groß genug, d. h. zählte sie in der Regel mindestens 60 Köpfe, konnte eine so genannte „Tochterabtei" gegründet werden, die zunächst mit einem Abt und 12 Mönchen des Mutterklosters besetzt wurde. Entsprechendes Wachstum vorausgesetzt, konnte dieses Kloster seinerseits ebenfalls wieder neue Filialen gründen. Gerade von Clairvaux aus wurden zahlreiche Niederlassungen gegründet, davon allerdings nur zwei in Deutschland: Himmerod in der Eifel und eben Eberbach im Rheingau.

Anno milleno centeno quino triceno
Eberbach erigitur, quod in aevum benedicatur
Anno elfhundert dreißig und fünf, so weist der
Kalender Eberbachs Gründung uns nach;
in Ewigkeit sei es gepriesen!
(Eberbacher Abtschronik)

Hier im Rheingau boten sich den Zisterziensern – neben dem politischen Schutz durch den starken Erzbischof – ideale Möglichkeiten. Das abgeschiedene Tal war wasserreich und entsprach so einerseits dem eremitischen Ideal („Ora"), bot aber auch die Möglichkeit für den Betrieb von Mühlen und die Anlage von Fischteichen („Labora"): War doch der Genuss von Fleisch und Fett den Mönchen verboten. Nicht weit entfernt befanden sich zudem Steinbrüche, die Baumaterial für die nun zu planenden massiven Großbauten liefern konnten.

Es ist nicht sicher, ob Bernhard von Clairvaux den Abt Ruthard und seine 12 jungen Zisterzienser begleitete, als diese am 13. Februar 1136 im Rheingau erschienen, um die alte Anlage gemeinsam mit einem Dutzend Laienbrüdern (Konversen) in Besitz zu nehmen und zu bearbeiten. Einige Autoren vermuten, dass die Gruppe zusätzlich von einem Baumeister des Ordens begleitet wurde. In dem oben wiedergegebenen Zitat wird 1135 als Gründungsjahr angegeben, weil der 13. Februar damals noch zum Jahre 1135 gezählt wurde.

10 Byzantinisches Reliquienkreuz, Abteimuseum, Fund im Turmknauf des Vierungsdachreiters der Basilika.

Eine Legende berichtet, dass Bernhard und Adalbert bei der Inspektion des alten Klostergeländes plötzlich einem wilden Eber begegneten, der die frommen Männer zwar unbehelligt ließ, mit seinem Rüssel aber eine große umkreisende Furche in den Boden zog. Die Mönche erkannten darin ein göttliches Zeichen und ließen entlang dieser Linie die Klostermauer errichten (deren relativ unregelmäßigen Verlauf man so ganz einleuchtend erklären könnte).

Es wird geschätzt, dass hinter dieser Mauer, die rund 1.100 Meter lang und 5 Meter hoch war – und in Wirklichkeit erst um 1200 errichtet wurde –, schon bald mehr als 100 Mönche und 200 Laienbrüder lebten, die zunächst in die vor-zisterziensischen Holzbauten der Augustiner-Chorherren zogen und von hier aus alsbald eine rege Bautätigkeit entfalteten.

Das erste Bauvorhaben umfasste Klausur und Abteikirche, mit deren Bau man nun begann. Glaubt man der Legende, konnte man zumindest bei der Bestimmung des genauen Standortes wieder auf eine Vorgabe des „wilden Geometers" – wie die himmlisch beeinflusste Wildsau später von einem Chronisten genannt wurde – bauen: Der Eber, so erzählte man sich im Rheingau, soll an dem zukünftigen Bauplatz dreimal über den Bach gesprungen sein und so ein eindeutiges Zeichen gesetzt haben. Als „Beleg" für dieses Ereignis werden verschiedene Wappenbilder herangezogen, auf denen eine wilde Sau (manchmal auch mit einer Klosterkirche auf dem Rücken) in oder über einem Bach dargestellt wird. Nüchtern betrachtet handelt es sich dabei aber lediglich um einen einfach zu entschlüsselnden Rebus: „Kloster-Eber-Bach". Gelegentlich, wie zuletzt im Jahre 2005, dürfte ernsthafte Kritik an der Ortsbestimmung des Borstentieres aufgekommen sein, als das Hochwasser des nahe gelegenen Kisselbaches sintflutartig in die Abtei eindrang und große Schäden verursachte.

Doch zunächst noch einmal zurück ins 12. Jahrhundert: Die Eberbacher Bautätigkeiten und große Teile des klösterlichen Lebens kamen durch den sich zuspitzenden Investiturstreit und die installierten Gegenpäpste vorübergehend zum Erliegen. Abt Eberhard musste nach Rom fliehen, andere Mönche fanden in französischen Klöstern Aufnahme. Erst um 1170, rund 10 Jahre vor der endgültigen Beendigung des Schismas, konnten die Arbeiten wieder aufgenommen werden. Als der Sakralbau im Jahre 1186 vom Erzbischof Konrad von Mainz eingeweiht wurde, war in ihm ein gewisser Stilbruch auszumachen. (Einige Autoren sprechen sogar von offensichtlichen „Missverhältnissen".)

Die Basilika sollte ursprünglich genau nach dem Vorbild der Mutterkirche errichtet werden: als Quaderbau mit niedrigem Chor und Querschiff.

Während des rund zehnjährigen Baustopps entwarf man dann wohl einen zweiten Plan, der sich stärker an die rheinische Romanik anlehnte. So entstand schließlich eine kreuzgratgewölbte Basilika mit relativ hohen Ostteilen und einer veränderten Innenraumdisposition.

Die zum Teil erheblichen Barockisierungen späterer Jahrhunderte konnten bei den Renovierungen im 20. Jahrhundert weitgehend entfernt werden, so dass die heutigen Besucher wieder den ursprünglichen, strengen Eindruck vermittelt bekommen.

Als die Eberbacher Klosterkirche eingeweiht wurde, verboten die zisterziensischen Regeln noch jegliche Bestattung in ihr. 1256 wurde diese Einschränkung für das Rheingauer Kloster aufgehoben: Gönner und Wohltäter konnten hier jetzt ihre letzte Ruhestätte finden. Zahlreiche ihrer Grabdenkmäler haben hier die Jahrhunderte überdauert, wurden renoviert und in der Kirche sowie im Kreuzgang zu einer kunsthistorisch bedeutsamen Sammlung zusammengetragen.

Schon im 13. Jahrhundert wurden noch zwei weitere Gebäude im romanischen Stil errichtet: Konversenbau und Hospital waren bis 1220 fertig gestellt. Das Innere des etwas später begonnenen Krankengebäudes trug dabei aber schon eindeutig frühgotische Züge.

Der Konversenbau, heute das größte Abteigebäude in Eberbach, war der Bereich der Laienbrüder. Hier konnten sie sich aufhalten, ohne den Lebensrhythmus der Mönche zu stören – ein „Kloster im Kloster“ mit allen notwendigen Einrichtungen, vom Vorratskeller bis zum Speisesaal. Der Schlafraum (Dormitorium), der mit 83 Metern Länge das gesamte Obergeschoss einnimmt, ist heute der größte erhaltene mittelalterliche Profanraum in Deutschland. Aus einer teilweise „auffallend unbeholfenen“ Kapitellzier lässt sich schließen, dass die Bewohner hier, wie bei den übrigen Gebäuden auch, selbst Hand anlegen mussten. Im Untergeschoss befanden sich der Speisesaal (Refektorium) und die Vorratskeller. Aus der Größe des Komplexes kann auf eine hohe Zahl von Konversen und deren wichtige Rolle in den wirtschaftlichen Abläufen geschlossen werden. Man kann davon ausgehen, dass hier zeitweise über 200 Laienbrüder lebten. Einige Autoren glauben sogar, mit Blick auf die angefallenen Tätigkeiten in und um das Kloster, dass teilweise bis zu 300 weitere Konversen extern, z. B. auf den auswärtigen Wirtschaftshöfen (Grangien), untergebracht waren.

Mord im Kloster

Trotz – und auch wegen – der komplexen Strukturen des zisterziensischen Systems wuchsen überall im Orden die sozialen Spannungen zwischen Laienbrüdern und Mönchen. Sie fanden schließlich 1261 ihren dramatischen Höhepunkt in der Ermordung des Eberbacher Abtes Werner. Die in vielen Zisterzienserklöstern entstandenen Unruhen, die schon für das Jahr 1200 belegt sind, gingen von den Konversen aus, die ihre Leistungen in dem prosperierenden wirtschaftlichen System – das mit den ursprünglichen zisterziensischen Regeln immer weniger in Einklang zu bringen war – nicht genügend honoriert sahen. Sie wollten Mitspracherecht bei allen relevanten Entscheidungen und die von ihnen so empfundene Allmacht der Mönche kippen.

Diese aber hatten ihrerseits offenbar eher ein Interesse an subordinierten Arbeitskräften und belegten die meist aus den unteren Bevölkerungsgruppen stammenden und äußerlich an ihren Bärten zu erkennenden „Conversi barbati“ mit zahlreichen Auflagen. So war jenen der Besitz und das Lesen von Büchern verboten und damit zugleich der Weg zu weitergehender Bildung auf Dauer verschlossen.

Die Laienbrüder waren „Ideale“, da unbezahlte Arbeiter, die gleichzeitig durch ein Gelübde auf Lebenszeit an ihr Kloster gebunden waren. Ein Aufstieg in den Mönchsstand war ihnen, etwa im Gegensatz zu den cluniazensischen Konversen, ebenfalls verwehrt.

Als Reaktion auf die daraus immer heftiger erwachsenden Unruhen und nicht zuletzt auch auf Grund des Eberbacher Mordes, über den keine weiteren Einzelheiten bekannt sind, verhängte die Ordensleitung einen Aufnahmestopp für Laienbrüder. Man musste das bis dahin wirtschaftlich gut funktionierende Konversensystem beenden, da es zu einer ernsten Bedrohung geworden zu sein schien. Dies hatte nun wiederum zur Folge, dass der gesamte „Labora“-Bereich neu konzipiert werden musste. Mit der jetzt stetig sinkenden Zahl von Konversen fiel immer mehr wirtschaftliche Arbeit für die Mönche an. Diese konnten, wollten und durften sie nach ihrer Ordensregel aber nicht leisten. Man begann daher, Teile des Grundbesitzes zu verpachten. Diese Vorgehensweise, die Bernhard von Clairvaux noch strikt abgelehnt hatte, war bereits 1208 von der Ordensleitung, dem Generalkapitel in Cîteaux, sanktioniert worden.

„Ein fünfter Grund ist die Beschäftigung mit häufig auftauchenden weltlichen Geschäften. Sie macht das Herz zwiespältig, löscht die Leidenschaft der frommen Hingabe, verändert den Lebenswandel, trägt ins Herz Anlässe zum Laster und verwickelt die Mönche in immer neue Schwierigkeiten.“
(Bonaventura: Erörterungen von Problemen der Minderbrüderregel, ca. 1260)

Die Zisterzienser waren für ihre großen Erfolge in der Landwirtschaft bekannt – so war es nur konsequent, dass sie sich im Rheingau intensiv mit dem Weinbau beschäftigten. Dieser wurde schon bald Grundlage einer wirtschaftlichen Stärke, die nur noch mit einer äußerst liberalen Definition ihrer einst so strengen Regeln, welche eine Beschränkung des Wirtschaftens auf die Eigenversorgung vorsahen, vereinbart werden konnte. Wie hätte wohl der strenge Robert de Molesme auf die Tatsache reagiert, dass das neue Kloster in Eberbach schon 30 Jahre nach seiner Gründung neun Gutshöfe (Grangien), zwei Kellereien und einen Stadthof in Köln erwirtschaftet hatte? Die Mönche konnten beim Weinbau und -handel auf bereits vorhandene Strukturen im Rheingau aufbauen. Mit ihrem „Know-how“ und den zahlreichen kostenlosen Arbeitskräften konnten sie die Erträge allerdings erheblich verbessern.

Auch die Einführung des ertragreichen und vollmundigen Blauen Spätburgunders (Pinot Noir), einer neuen Rebsorte aus ihrer französischen Heimat Burgund, ist gut belegt. Es darf ebenfalls angenommen werden, dass der Weinbau nie auf die Produktion von eigenem Messwein beschränkt bleiben sollte, sondern von Anfang an auch mit Gewinnabsicht betrieben wurde.

12 Flechtbandfenster (Grisaille) aus der Eberbacher Klosterkirche, um 1180. Die Bezeichnung „Grisaille" leitet sich aus dem Französischen (gris = grau) ab und nimmt Bezug auf die ausschließliche Verwendung grauer Glaselemente im Fertigungsprozess.

Der größte Weinbaubetrieb seiner Zeit

Der wirtschaftliche Aufschwung brachte es mit sich, dass immer mehr Ländereien erworben wurden, die in einer gewissen Distanz zum Kloster lagen und von dort aus nur recht umständlich zu bewirtschaften gewesen wären. Man entschloss sich daher zum Aufbau externer Wirtschaftshöfe, die von Laienbrüdern bewirtschaftet wurden. Weithin bekannt wurden etwa die entsprechenden Einrichtungen in Drais, Reichartshausen, Neuhof, Steinheim, Mappen, Hassloch, Gehaborn, Leeheim, Dienheim, Wahlheim, Birkerhof, Sandhof, Nenters, Breitenfels, Dadenborn und Hadamar. Es waren insgesamt über 200 Wirtschaftshöfe, Kellereien und Weinumschlagplätze, die das Kloster besaß und durch ein eigenes Transportsystem miteinander verbunden hatte:

Klostereigene Schiffe der Typen „Bock", „Pint" und „Sau" fuhren abgabenfrei (!) bis Köln, wo man ein Stadthaus und große Lager besaß. Hier wollte man sich die Zusammenarbeit mit den Mönchen auf Dauer sichern und schenkte ihnen schließlich sogar die Rechte an einem Stadttor, verbunden mit der Genehmigung, dort „Tor und Platz nach ihrem Belieben und Vorteil zu bauen".

Das Kloster war eines der größten und bekanntesten Weinbau- und Weinhandelsunternehmen seiner Zeit geworden.

Es ist weiter nicht verwunderlich, dass vor diesem wirtschaftlichen Hintergrund auch die Bautätigkeit anhielt: Alte Klosterteile wurden erneuert und um zusätzliche Bauwerke ergänzt. Im 13. Jahrhundert hielt die Gotik mit dem Umbau des Klausur-Ostflügels in Eberbach Einzug. Das Mönchsdormitorium präsentiert sich seitdem als eleganter, zweischiffiger Saal mit Kreuzrippengewölbe. Von besonderer Schönheit ist auch der unter dem Dormitorium gelegene und um 1345 fertig gestellte Kapitelsaal, ein von einem prachtvollen Sterngewölbe überschirmter hochgotischer Saal – das „Machtzentrum" des Klosters –, in dem sich die Mönche täglich versammelten, um ihre Angelegenheiten zu beraten und zu entscheiden.

Im 14. Jahrhundert wurde auch die Klosterkirche um neun Kapellen erweitert, in denen ihre jeweiligen Stifter die letzte Ruhestätte fanden.

Im Jahre 1401 erreichte der damalige Abt Nikolaus II. eine weitere Aufwertung Eberbachs: Er erhielt durch Papst Bonifaz IX. für sich und seine Nachfolger die bischöflichen Amtsinsignien (Pontifikalien).

Nach einer über 100 Jahre dauernden Pause konnten Ende des 15. Jahrhunderts wieder verstärkte Bautätigkeiten registriert werden. Der Westflügel des Kreuzgangs erhielt einen Fachwerk-Überbau, in dem Bibliothek und Archive untergebracht wurden (1478/80). Dieser Gebäudeteil wird auch als „Schwedenbau", der in den Hof des Kreuzgangs ragende Treppenturm als „Schwedenturm" bezeichnet. Die wohl aus dem 19. Jahrhundert stammenden Begriffe erinnern daran, dass hier während des Dreißigjährigen Krieges (zwischen 1631 und 1636) schwedische Truppen einquartiert waren.

Durch die immer weiter sinkende Zahl der Konversen wurde deren Refektorium schließlich überflüssig. Die so frei gewordenen Räumlichkeiten wurden daraufhin in dringend benötigte zusätzliche Weinkeller umgewandelt. Auch die zuvor als Schreibstube (Skriptorium) genutzte Fraternei war wegen des aufkommenden Buchdrucks nicht mehr vonnöten und wurde ebenfalls zum Weinkeller umfunktioniert.

Rechtzeitig zu dem von der Kirche ausgerufenen „Jubeljahr" 1500 wurde auch das Dormitorium, der große Gemeinschaftsschlafsaal der Mönche, umstrukturiert. Hatte Papst Benedikt XII. den Mönchen in seiner Bulle „Fulgens sicut stella matutina" (1335) nochmals jegliches Wohnen in Einzelzellen untersagt, entwickelten die einzelnen Klöster und Abteien in der Folgezeit immer individuellere Ordnungen und Regelwerke. Viele Autoren sprechen sogar von einem faktischen Zusammenbruch der Ordensorganisation.

Im Eberbacher Dormitorium wurden jetzt zwei Zellenfluchten eingebaut und die großen gotischen Spitzbogen durch kleinere Rechteckfenster ersetzt, bei denen im Winter nunmehr sogar die Möglichkeit eines Verschließens mit Holzläden bestand. Dies waren zwar deutliche Verbesserungen des „Schlafkomforts", trotzdem blieb es in den neu gestalteten Zellen aber immer noch so kalt, dass die Mönche wie eh und je weiterhin in Tageskleidung und Mänteln, mit über den Kopf gezogener Kapuze, schlafen mussten.

Quid vetat Erpachium Vas annumerare vetustis
Miraculis, quo non / vastius orbis habet?
Ist nicht auch Eberbachs Fass den Wundern der
Alten vergleichbar? Denn ein größ'res besitzt /
unser Planet nimmermehr.
(Vincentius Obsopaeus)

Zu Beginn des 16. Jahrhunderts wurde das „große Fass" im Kloster installiert und erstmals gefüllt. Es wird angenommen, dass sein Fassungsvermögen über 70.000 Liter betrug – ein auch finanzielles Vermögen in der damaligen Zeit. Doch nach dieser gewaltigen Investition zog alsbald das Unheil ins Kloster ein. Hatten sich die geschäftstüchtigen Mönche vielleicht zu weit von ihren historischen Idealen entfernt?

Im Jahre 1525 kam es im Rahmen des Bauernkrieges auch im Rheingau zu Aufständen, an denen die verschiedensten Bevölkerungsgruppen teilnahmen. Es ist bemerkenswert, dass Kloster Eberbach nicht wie einige andere Abteien im Aufstandsgebiet gestürmt und zerstört wurde. Stattdessen zwang man Abt und Mönche, einen Vertrag zu unterzeichnen, der ihnen die Aufnahme weiterer Novizen verbot und die Abtei verpflichtete, beim Tod des letzten Mönches ihren gesamten Besitz in Gemeineigentum übergehen zu lassen. Die Bauernverbünde zogen nach der allgemeinen Erhebung zunächst ins abseits gelegene Kisselbachtal, umlagerten das Kloster und ließen sich nach und nach den gesamten Viehbestand und sämtliche Vorräte ausliefern. Ob man hierbei von „Plünderung" sprechen kann, sei dahingestellt – es kam aber zumindest zu keinerlei gewalttätigen Übergriffen auf die Ordensbrüder.

Während dieser Zeit sollen auch die Weinvorräte, unter anderem die des großen Fasses, die quasi die Rücklagen des Klosters gebildet hatten, ausgetrunken worden sein. Wenn die Zahl der Aufständischen groß, ihr Durst noch größer und die Zeit der Umlagerung lange genug war, ist dies nicht unmöglich – aber militärstrategisch sicherlich nicht als Meisterleistung zu bewerten. Als die vom Mainzer Erzbischof zur Hilfe gerufenen Truppen des Schwäbischen Bundes kurze Zeit später anrückten, um den Aufstand niederzuschlagen, hatte jedenfalls keiner der Rheingauer mehr Lust, die Waffen zu ergreifen und zu kämpfen. Es liegt nahe, dass die konsumierten 70.000 Liter (die immerhin fast 100.000 Flaschen heutiger Größe entsprachen) hier ihre Wirkung zeigten.

Obwohl dieser regionale Aufstand so zunächst ohne Blutvergießen beendet wurde, ließ man neun der Anführer sofort enthaupten. Die Rheingauer verloren alle Freiheiten und viele Privilegien; außerdem mussten sie 15.000 Goldgulden Tribut aufbringen. Von der Abtei wurden ebenfalls 6.000 Gulden „Kriegskosten" eingetrieben. Auch dies kann als eine Form der Plünderung – durch die Sieger – angesehen werden.

Wesentlich schlimmer waren jedoch die Verluste, die die Abtei im Dreißigjährigen Krieg hinnehmen musste. Nachdem man sich von den Ereignissen und Schulden des Bauernkrieges erholt hatte, wurde das Kloster wieder von Truppen bedroht. Es war offensichtlich, dass man bei den „protestantischen" Soldaten nicht so glimpflich davonkommen würde wie gut 100 Jahre zuvor. Daher floh Abt Leonhard I. 1631 mit seinem Konvent in das klostereigene Haus nach Köln, während hessische und schwedische Truppen in das Kloster einfielen. Schwedenkönig Gustav Adolf überließ die Abtei seinem Kanzler Axel Oxenstierna, der hier auch zeitweise residierte. Die mittelalterliche Klosterbibliothek und wertvolles Kirchengerät wurden in dieser Zeit von den Soldaten gestohlen – ebenso einmal mehr der Wein, der für den Neubau des Klosters zurückgelegt worden war. Quellen beziffern den Verlust auf 384.000 Liter (rund 512.000 Flaschen).

14 Im Lapidarium des Klosters werden Architekturfragmente aufbewahrt, die sich aus vergangenen Zeiten vor Ort erhalten haben.

Erst 1635, nach dem Abzug der Schweden aus der Region, konnten 20 Brüder zurückkehren und das Kloster in der Folgezeit wieder herstellen. Es dauerte jedoch viele Jahre, bis man sich von den zuvor erlittenen Rückschlägen erholt hatte. So war man erst 1689 wirtschaftlich in der Lage, die Mitra des Abtes gegen 1.100 Gulden einzulösen. Man hatte sie in der einnahmenlosen Zeit in Köln versetzen müssen. Trotz allem hatte das Kloster seine kirchenpolitische Stellung offenbar nicht verloren: Bereits 1670 war es Schauplatz eines Treffens der Kurfürst-Erzbischöfe von Mainz und Trier.

Suaviter in modo – fortiter in re
Flexibel in der Handhabung – standhaft im Grundsatz
(Wahlspruch des Abtes Adolph II. Werner)

Und wieder setzte sich der inzwischen immer weiter modifizierte zisterziensische Geist durch: Der Weinbau brachte erneut beachtliche Erträge und ermöglichte eine dritte große Bauphase – ganz im Zeichen des Barock und praktisch ohne irgendwelche Bezüge zur einstigen Strenge des Ordens. Die Schäden der Vergangenheit konnten behoben und die Bausubstanz großzügig ergänzt werden. Auch für Repräsentation war nun Platz – der Abt durfte entsprechende Räumlichkeiten für sich errichten lassen.

Nach einer Umgestaltung des Innenraums der Kirche (1704–1715) wurde zunächst der ehemalige Konversenbau, inzwischen das Herzstück der wirtschaftlichen Verwaltung, barockisiert und aufgestockt (1707–1738). Zwischenzeitlich ging man daran, das romanische Mönchsrefektorium komplett niederzulegen und neu zu errichten (1718–1721). Als nächstes wurde der Dachstuhl der Kirche erneuert und mit dem heutigen Vierungsdachreiter versehen (1746).

Zu den letzten Neuerungen zählen der Bau der Orangerie im Abteigarten (1755) und die Errichtung des barocken Eingangsportals mit dem Skulpturenschmuck von Anton Süß und Nikolaus Binterim aus Mainz (1774). Dargestellt sind Maria Immaculata, die Hauptpatronin des Ordens, der Nebenpatron Johannes der Täufer sowie der Gründer der Abtei, Bernhard von Clairvaux. Darunter befindet sich der Wahlspruch des damaligen Abtes Adolf II. Werner, „Suaviter et fortiter". Heute stehen auf dem Portal Nachbildungen; die Originale befinden sich, vor Wind und Wetter geschützt, im Abteimuseum.

Der neue Eingangsbereich lag jetzt am Ende eines aufgeschütteten Weges, auf deutlich höherem Niveau als die alten romanischen Tore. Man befand sich nun praktisch auf einer Ebene mit der neuen Zimmerflucht des Abtes, dessen Position damit auch bautechnisch noch einmal hervorgehoben wurde.

Im frühen 17. Jahrhundert wurde im Kloster sogar ein Brauhaus errichtet. Wie lange und mit welchem Erfolg hier auch Bier produziert wurde, ist allerdings nicht ganz sicher überliefert. Das Hauptaugenmerk der Mönche lag jedenfalls nach wie vor beim Wein und bei neuen Produktionsmethoden. So wurden 1753 erstmals spät gelesene Trauben erwähnt. Im gleichen Jahr werden im Lesebuch die Vorteile edelfauler Lesegutes hervorgehoben. Trotz der hohen Ausgaben ergaben sich in dieser Zeit immer noch beträchtliche Überschüsse, die – wie die Jahresrechnungen belegen – am Frankfurter Kapitalmarkt investiert wurden.

Näherte man sich dem Kloster nun von der westlichen Seite, konnte das Bild eines kleinen Barockschlösschens entstehen. Die damals ergänzten Kopfbauten und die höher gelegte Einfahrt durch die neuen Pforten ermöglichten diesen Eindruck. Die Abtswohnung selbst passte ebenfalls in dieses Konzept – auch hier erwartete den Besucher nun prachtvoller Stuck und repräsentative Ausstattung und entführte ihn in eine Welt, die mit den klassischen zisterziensischen Idealen nichts mehr zu tun hatte.

Hier schließt sich der Kreis: Die Zisterzienser, einst angetreten, um eine strenge Alternative zu den „reichen" Orden ihrer Epoche zu sein, hatten die Vorgaben ihrer Gründerväter in der Folge so lange relativiert und den aktuellen Bedürfnissen angepasst, bis dies seinerseits neue Abspaltungen provozierte: Während die Anhänger der vom Kloster La Trappe ausgehenden Ordensrichtung („Trappisten") sich strengere und strengste Regeln auferlegten, genehmigte man sich in Eberbach die Einrichtung eigener Repräsentationsräume mit dem „Fürstensaal" im ehemaligen Konversenbau als Herzstück. Das Kloster erlebte noch einmal eine letzte, glanzvolle Phase. Sein Name war schon damals Synonym für beste Rheingauer Weine. Spätestens seit 1730 ist der Ausdruck „cabernedt-keller" – für den Lagerraum der edelsten Weine – urkundlich. Ein Begriff, der Ende des 20. Jahrhunderts als eine Prädikatsbezeichnung („Kabinett") für alle deutschen Weinanbaugebiete übernommen werden sollte.

Konfiskation und Konversion

Doch auch das Ende der Eberbacher Zisterzienserzeit war schon in Sicht und wurde mit der Durchführung des Reichsdeputationshauptschlusses (1803) eingeleitet. Das Kloster wurde Friedrich August von Nassau-Usingen als Entschädigung für linksrheinisches, an Frankreich verlorenes Gebiet zugeteilt und von diesem am 18. September des gleichen Jahres formell aufgelöst. Abt Leonhard II. Müller und die letzten Mönche und Novizen mussten das Kloster verlassen – immerhin mit einer Staatspension.

Der Umgang mit der Liegenschaft Kloster Eberbach war kaum weniger problematisch. So wurde schon 1805 der Kreuzgang partiell niedergelegt. Und auch das Klosterinventar wurde vom Hause Nassau-Usingen verschleudert bzw. – wohl aus Unkenntnis – vernichtet. Zu den größten Verlusten zählt die Bibliothek, die seit dem Dreißigjährigen Krieg wieder auf rund 8.000 Bände angewachsen war und die nun zerstört wurde. Unter nassauischer Herrschaft wurden zudem Teile des Klosters profanen Verwendungszwecken zugeführt: Eine „Irrenanstalt" (bis 1849), ein landwirtschaftlicher Betrieb, ein Munitionslager, eine Arbeits- und Besserungsanstalt („Korrektionshaus") und ein so genanntes „Weiberzuchthaus" existierten nach- und nebeneinander auf dem Klosterareal. Die Profanisierung führte wohl auch dazu, dass in dem Bereich zwischen Konversengebäude und der Zufahrt („Saugraben") Borstenvieh gehalten wurde.

Aus zisterziensischer Zeit übernommen und bis heute beibehalten wurde die weinwirtschaftliche Tradition des Klosters, Teile des Komplexes als staatlichen Weinbaubetrieb weiter zu führen. Hiervon zeugt der „Nassauer Keller", der um 1840 von dem im ehemaligen Hospital eingerichteten Kelterhaus aus in den Berg getrieben wurde. In ihm lagern auch heute noch die auf den Eberbacher Versteigerungen angebotenen Weine.

1866 änderten sich die Besitzverhältnisse erneut, als das Herzogtum Nassau in Folge des „Deutschen Krieges" von Preußen annektiert wurde. Eberbach wurde nun eine königlich preußische Weinbaudomänenverwaltung mit Muster- und Beispielfunktion und zugleich ab 1877 Sitz eines Strafgefängnisses anstelle des vormaligen nassauischen Korrektionshauses. Eine weitere neue Nutzung fand die Abtei schließlich kurz vor und während des Ersten Weltkrieges, als Teile der Anlage als Militärgenesungsheim (1913–1918) genutzt wurden. Erste systematische Restaurierungen fanden bezeichnenderweise erst 1929–1939 im Bereich der Klosterkirche und des Mönchsdormitoriums statt. Im Zweiten Weltkrieg blieb das Kloster, das gegen feindliche Luftangriffe mit einem Tarnanstrich versehen worden war, weitgehend unbeschädigt und ging 1946 in den Besitz des Landes Hessen über.

„Sie glaubten an Gott und waren des Teufels"

Im Jahr 1985 rückte Kloster Eberbach schlagartig in den Blickpunkt der Öffentlichkeit. Auf der Suche nach einer Kulisse für die Verfilmung von Umberto Ecos Bestseller „Der Name der Rose" entschied man sich, die Innenaufnahmen in dem ehemaligen Zisterzienserkloster zu machen und ermöglichte so den Benediktinern doch noch einen Einzug in die Gebäude am Kisselbach. Wo einst die Zisterzienser nächtigten, wurde nun der Zugang zu jener Bibliothek installiert, in der zahlreiche Morde geplant wurden, mit denen die Existenz eines als allzu weltlich empfundenen Buches vertuscht werden sollte.

Im Vorfeld glaubten viele Kritiker, dass Produzent Bernd Eichinger und Regisseur Jean-Jacques Annaud mit der filmischen Umsetzung des sehr kompakten Werkes scheitern würden. Es war jedoch nicht zuletzt die fantastische und von dem Stab perfekt eingesetzte Kulisse des Rheingauer Klosters, die auch das Kinowerk zu einem weltweiten Erfolg machte. Loriano Macchiavelli ging sogar noch einen Schritt weiter und ließ große Teile seines Anschlussromans „Die Wahrheit der Rose“ (Kritiker bezeichneten ihn als einen „Trittbrettfahrer“) in dem heutigen Kloster spielen.

Eberbach erzielte durch den Erfolg des Films international eine neue Berühmtheit; zahlreiche Besucher erschienen, um auf ihre ganz persönliche Spurensuche zu gehen und eine Nähe zu William von Baskerville, Adson von Melk und Jorge de Burgos zu finden.

Auch heute ist dieser Reiz noch nicht verflogen. Abendliche Schlenderweinproben, ergänzt mit filmischen Eindrücken aus dem Eco'schen Kloster des Jahres 1327, sind immer noch sehr beliebt. Und die geschäftstüchtigen Zisterzienser des Mittelalters hätten sicherlich beide Augen zugedrückt, wenn sie den dabei im Hintergrund agierenden, nicht ganz zeitgemäßen Kuttenträger erblickt hätten.

Während aber Umberto Ecos fiktionales Kloster letztendlich zur Ruine verkam, in deren Trümmern auch die Erinnerungen an die grandiosen Leistungen seiner Bewohner verschüttet wurden, konnte in Eberbach das Schlimmste verhindert werden. Der profanisierte Komplex ist der Öffentlichkeit heute in weiten Teilen zugänglich, seine wechselhafte Geschichte erfahrbar.

Geblieben ist auch der Wein, der durch alle Jahrhunderte hindurch angebaut wurde und durch hohe Qualität überzeugt. Er kann vor Ort verkostet, ersteigert, gekauft und in „Events“ erlebt werden. Auch in ihm existiert das Kloster weiter – so, wie die alten Gebäude ihrerseits immer ein Medium des edlen Getränkes bleiben werden.

Das Wein-Kloster

Die „Hessische Staatsweingüter GmbH Kloster Eberbach“, bis 1997 auch Verwalter des Klosters, steht ganz in der Tradition der rund 850-jährigen Weinbaugeschichte der Abtei.

Mit einer Gesamtrebfläche von über 200 ha ist sie das größte und wegen ihres historischen Kerns, dem Kloster Eberbach, auch eines der ältesten Weingüter Deutschlands und sogar der ganzen Welt. Ihre legendäre „Schatzkammer“ ist mit Weinen ab dem Jahrgang 1806 bestückt und in Fachkreisen ebenso berühmt wie die Weinversteigerungen.

Eine besondere Bedeutung unter den Weinbergen kommt dem seit 1170 im Alleinbesitz der Abtei befindlichen 31 ha großen „Steinberg“ zu, der in unmittelbarer Nachbarschaft des Klosters liegt. Wie sein französisches Pendant, der Clos de Vougeot in der Côte de Nuits (Burgund), wird auch dieser Zisterzienserweinberg von einer schützenden Mauer aus Bruchsteinen umgeben. Ursprünglich geplant als Wehr gegen allzu dreiste Traubendiebe, bietet sie heute Schutz gegen schädliche Kaltlufteinbrüche. Der Steinberg ist heute das Herzstück der „Domaine Steinberg/Hattenheim“.

Daneben besitzen die Hessen auch noch die Domänen „Assmannshausen“, „Rüdesheim“, „Rauenthal“, „Hochheim“ und – fern des Rheingaus – „Bergstrasse“. Hier werden zum Teil weltberühmte Weinlagen, deren Ursprung vielfach noch in klösterlicher Zeit liegt, bewirtschaftet. Um neben dem Steinberg nur eine kleine Auswahl klangvoller Namen zu nennen: Assmannshäuser Höllenberg, Rüdesheimer Berg Schlossberg, Rauenthaler Baiken, Erbacher Marcobrunn, Hochheimer Domdechaney, Bensheimer Kalkgasse – die Liste ließe sich fortsetzen.

Der Schwerpunkt des Sortiments liegt – wie allgemein im Rheingau – bei der Riesling-Rebe, daneben gilt aber auch dem Spätburgunder und anderen Burgundertypen, wie z. B. dem Grauen Burgunder, großes Interesse.

Bei den alljährlich im Frühjahr und Herbst durchgeführten traditionellen Weinversteigerungen werden oft geradezu sensationelle Preise erzielt. So brachte eine 1921er Trockenbeerenauslese (natürlich aus dem Steinberg) im Jahre 2001 umgerechnet rund 11.500 Euro, und vier Jahre später konnten für einen 1936er Rüdesheimer Berg Schlossberg mit gleichem Prädikat immerhin auch 8.178 Euro erreicht werden.

Über die Preise, die die jetzigen Jahrgänge im 22. Jahrhundert wohl erzielen könnten, darf heute nur spekuliert werden. Sicher ist, dass die Staatsweingüter alle Voraussetzungen dafür geschaffen haben, dass die Tradition des hochwertigen Eberbacher Weinbaus im Kloster noch lange Zeit fortgesetzt werden kann.

Stiftung Kloster Eberbach

Partner für alle Aktivitäten der Staatsweingüter rund um die ehemalige Abtei ist deren heutige Eigentümerin, die 1998 vom Land Hessen errichtete „Stiftung Kloster Eberbach": Deren Hauptaufgabe ist es, die Anlage durch „maßvolle Nutzung und nachhaltige Bewirtschaftung" auf Dauer zu erhalten und sie für die Öffentlichkeit und für kulturelle Zwecke zu öffnen.

Die Voraussetzungen für diesen Erhalt durch Nutzung wurden durch eine in den achtziger Jahren des 20. Jahrhunderts eingeleitete Generalsanierung des gesamten Komplexes geschaffen. Deren Ziel ist es, die verbreitet noch unversehrt vorhandene historische Bausubstanz zu sichern und sie dort, wo es im Laufe der Jahrhunderte zu entstellenden Zutaten gekommen ist, auf das historische Erscheinungsbild zurückzuführen. Zugleich soll die technische Ausstattung der Gebäude auf einen der jeweiligen Nutzung entsprechenden zeitgemäßen Standard geführt werden. Es lässt sich leicht denken, dass dieses auf viele Jahre angelegte Projekt ein logistischer und auch finanzieller Kraftakt ist. Für dessen Gelingen ist dem Land Hessen zu danken, das der Stiftung in dankenswerter Kontinuität alljährlich Zuwendungsmittel für die Generalsanierung zur Verfügung stellt.

Dass dieses Geld im Übrigen gut angelegt ist, zeigt sich nicht nur am immer regen Besucherverkehr, sondern auch an den zahlreichen hier laufend platzierten Veranstaltungen. So finden in Basilika und Laiendormitorium hochrangige Konzerte des „Rheingau Musik Festivals" und die „Kloster Eberbacher Sonntagskonzerte" statt – Klangerlebnisse, die durch Übertragungen in Funk und Fernsehen die Abtei international bekannt machen.

Ob festliche Gala oder Hochzeitsfeier im kleineren Kreis – jedermann hat heute die Möglichkeit, Räumlichkeiten im Kloster für Veranstaltungen zu mieten und diese durch das einmalige Ambiente unvergesslich zu machen. Künftig soll mit der Nutzung der Abtei zudem an die aus dem zisterziensischen Netzwerk-Gedanken entstandene Tradition des geistigen Austausches angeknüpft werden. Kloster Eberbach soll dann auch vermehrt als Forum für die Verhandlung und Vermittlung von Themen mit geistigem und geistlichem Bezug dienen.

Wenn dabei eine dialektische Verbindung zwischen der Kreativität eines Meinungsaustausches und dem Ambiente des Diskussionsortes hergestellt werden soll, gibt es dafür wohl kaum einen besseren Platz als die ehemalige Zisterzienserabtei im Rheingau. Die Bilder dieses Fotobandes vermitteln einen ersten intensiven Eindruck von der Bandbreite der Impressionen, die sich den Besuchern an diesem besonderen Ort bieten – von dessen die Jahrhunderte überspannender Historie über die Mystik seiner Gebäude bis hin zu der allgegenwärtigen Lebendigkeit, die sich mit der Nutzung dieses einzigartigen Kulturerbes bis heute verbindet.

Es sind dies Impressionen, die zugleich zum direkten Kennenlernen des Ins-Bild-Gesetzten auffordern – zu einem Besuch im Kloster Eberbach.

Dr. Matthias Dietz-Lenssen

STIFTUNG
KLOSTER
EBERBACH

Der Rheingau

Das vom westlichen Taunusrand zum Rhein abfallende Hügelland zählt mit seinen zahlreichen Weingütern, Burgen, Schlössern und Klöstern zu den landschaftlich reizvollsten Gebieten Deutschlands.

An seinen Hängen wird bereits seit der Römerzeit Weinbau betrieben. Hier wachsen einige der besten Rieslingweine der Welt. In dem kleinen Kisselbachtal, einem Seitental des Rheins, siedelten sich 1136 Zisterziensermönche an und gründeten Kloster Eberbach, das in den folgenden Jahrhunderten zu einem Mittelpunkt des geistigen, kulturellen und wirtschaftlichen Lebens der Region und zu einem Impulsgeber der Weinkultur wurde.

18 Der Rheingau: Panoramablick auf einen „vom Herrgott con amore geschaffenen Weingarten“ (Heinrich v. Kleist).

19 Tor zum UNESCO-Welterbe „Oberes Mittelrheintal“: der Binger Mäuseturm und Burg Ehrenfels bei Rüdesheim.

20.1 Der Rheingau besitzt eine Fülle von herausragenden Kulturdenkmälern. Im Bild: das altehrwürdige Schloss Vollrads bei Oestrich-Winkel ...

20.2 ... sowie das aus einem Benediktinerkloster hervorgegangene Schloss Johannisberg bei Geisenheim.

21 Die Rheinromantik fand im Rheingau ihre Inspirationsquelle. Das Haus der Familie Brentano in Oestrich-Winkel war zu Beginn des 19. Jahrhunderts ein Kristallisationspunkt schwärmerisch bewegter Literaten, die sich dem Mythos des Stromes verschrieben hatten. Im Bild: der idyllische Garten des „Brentanohauses".

Die Klosteranlage

Ganz eingerahmt allein von Wald und Reben …
Das kleine, abgeschiedene Kisselbachtal, in dem sich die Zisterzienser 1136 niederließen, war wasserreich und entsprach so einerseits ihrem eremitischen Ideal („Ora"), bot aber im Nahbereich auch ausgezeichnete Möglichkeiten für die Anlage von Weinkulturen („Labora").

24 Fast wie ein verwunschener Märchenort! Die schiefergedeckte Klostermauer präsentiert sich dem Wanderer heute stellenweise dick von Efeu umrankt und überwuchert.

25.1 Aus dem herbstbunten Wald ragt der Dachreiter der Klosterkirche mit der einzig erhaltenen Marienglocke aus dem Jahre 1474 hervor.

25.2 Bevor im 20. Jahrhundert ein neuer Zugang im Osten der Abtei geschaffen wurde, mussten alle Klosterbesucher das Pfortenhaus im Westen der Anlage passieren. Das noch aus romanischer Zeit stammende Gebäude erhielt im 18. Jahrhundert das heute weithin sichtbare Mansarddach.

25.3 Blick vom Hospitalgarten auf eine Ostkapelle der Klosterkirche.

Vorhergehende Doppelseite Die Standortsverhältnisse im feuchten Kisselbachtal begünstigen den Aufwuchs großer Bäume, die zum Teil den Dachfirst der Klausurgebäude und sogar die Klosterkirche überragen. Manche dieser ehrwürdigen Solitäre sollen noch aus Samen gezogen worden sein, die der tunesische Botschafter im 19. Jahrhundert dem Herzog von Nassau schenkte.

28.1 Ein letztes Bauwerk der Eberbacher Mönche: das 1774 errichtete Barockportal am westlichen Klosterzugang. Im Bild: die das Tor krönende Ordenspatronin Maria Immakulata, eine Schöpfung der Mainzer Bildhauer Anton Süß und Nikolaus Binterim (Kopie, Original im Abteilmuseum).

28.2 Detail des Türrahmens an der barocken Klosterpforte.

29.1 Noch heute lässt die Umgebung des Klosters die zu allen Zeiten große Bedeutung des Landbaus für den Zisterzienserorden erkennen.

29.2 Der höchste Punkt der Abtei: das barocke Bekrönungskreuz des Vierrungsdachreiters mit dem aufsitzenden Wetterhahn.

30 Pfortenhaus, Orangerie und Klosterkirche, vom Lehr-Weinberg im Klostergarten aus gesehen.

31 Die Klosterkirche vereinigt in ihrer Architektur die drei prägenden Bauepochen des Klosters: Der Wandaufbau des Langhauses und des Querschiffs stammt aus romanischer Zeit, die später angefügten Kapellen sind der Gotik zuzuordnen und das Dach mit dem wuchtigen Dachreiter wurde in seiner heutigen Form im Barock errichtet.

32 Die spitzen Giebel der Kapellen – ein Ausdruck gotischer Formensprache.

33 Im 14. Jahrhundert wurden dem Langhaus der Klosterkirche neun Grabkapellen hinzugefügt. Bemerkenswert sind die jeweils unterschiedlich ausgeführten vierbahnigen Maßwerkfenster.

34 Die Klosterkirche, von Westen aus gesehen.

35 Zwischen den gotischen Seitenkapellen sorgen noch immer die bauzeitlichen Wasserspeier für die notwendige Ableitung des Regenwassers. Das Fallrohr hingegen ist jüngeren Datums.

Der Kreuzgang

Der Kreuzgang verbindet die verschiedenen Räumlichkeiten der Klausur miteinander. Die Klausur eines Klosters umfasst den Bereich, der von der Außenwelt völlig abgetrennt und ausschließlich den Mönchen vorbehalten ist, die ihn gleichzeitig auch als Wandelhalle nutzen. Der heutige Gang wurde im 13. und 14. Jahrhundert errichtet und ersetzte den aus der romanischen Anfangsphase des Klosters stammenden Vorgänger. Nach der Säkularisation im 19. Jahrhundert wurden der Süd- und der Ostflügel abgebrochen, um hieraus Baumaterial für die Errichtung einer künstlichen Burgruine im nahen Biebricher Schlosspark zu gewinnen.

Vom Kreuzgang umgeben ist der Kreuzgarten, der in der Vorstellungswelt der mittelalterlichen Mönche den Garten des Paradieses symbolisierte.

Vorhergehende Doppelseite Blick über den Kreuzgarten zum Bibliotheksbau und dem darunter liegenden Kreuzgangflügel. Im Bildvordergrund: Würfelkapitelle der romanischen Arkadenfenster des Kapitelsaals.

38.1 Schlussstein in den Kreuzrippengewölben des Kreuzgangs, in einer Ausführung als so genannte Blattmaske.

38.2 Der von Kreuzrippengewölben überschirmte Nordflügel des Kreuzgangs.

39 Blick durch den Kreuzgarten auf den Bibliotheksbau mit dem spätgotischen Treppenturm.

40.1 Hinter diesem kunstvoll profilierten Portal verbirgt sich der Treppenaufgang vom Kreuzgang zum Mönchsdormitorium.

40.2 Detail der zum Kreuzgang gerichteten Fensterarkaden im Kapitelsaal.

41.1 Türblätter und Eisenbeschläge des Dormitoriumsportals zeugen noch heute von dem hohen Qualitätsbewusstsein zisterziensischer Baugesinnung.

41.2 Fensterarkaden des Kapitelsaals, vom Kreuzgang aus gesehen.

41.3 Gewölbekonsole im Kreuzgang.

42 Blick in die beiden erhaltenen gotischen Kreuzgangflügel im Norden und Westen des Kreuzgartens.

43 Die lange Zeit als lesender Zisterzienser gedeutete Gewölbekonsole über dem Eingang zum Kapitelsaal stellt wohl eher den Archetypus des abendländischen Mönchtums, einen meditierenden Wüstenvater, dar.

Die Klosterkirche

Die Basilika von Eberbach ist das dominierende Gebäude der Abtei. Die Bauarbeiten wurden durch die kirchenpolitischen Wirren der Mitte des 12. Jahrhunderts längere Zeit unterbrochen und zogen sich ein halbes Jahrhundert hin. Erst 1186 konnte die dreischiffige, 76 Meter lange und 33 Meter breite romanische Pfeilerbasilika vom Mainzer Erzbischof geweiht werden. Während man sich bei Baubeginn noch ganz dem romanisch-burgundischen Stil verpflichtet sah, hielt nach der Bauunterbrechung die rheinische Romanik Einzug in den baulichen Entwurf.

Besonders im Kircheninneren ist auch heute noch die Strenge und Schlichtheit der zisterziensischen Lebensweise zu erfahren. So waren etwa farbige Fenster, Skulpturen, Bilder, Farbschmuck und prächtige Portale verboten, um die Mönche im Gebet und bei den anderen liturgischen Verpflichtungen nicht abzulenken. Die gotischen Stifterkapellen am südlichen Seitenschiff, die durch ihre großen Maßwerkfenster dem Langhaus eine beträchtliche zusätzliche Lichtfülle verleihen, wurden erst im 14. Jahrhundert errichtet.

Vorhergehende Doppelseite Ein farbiger Blickfang in der Klosterkirche: Die Mönche von Eberbach waren für die Produktion qualitativ hochwertiger, ornamental verzierter Fliesen berühmt. Das abgebildete Motiv findet der Besucher in den Langhausarkaden der Basilika.

46.1 Blick durch die Südkapellen in Richtung Osten; im Hintergrund ist die Grabplatte des Mainzer Domkantors Eberhard von Oberstein († 1331) zu erkennen.

46.2 Detailansicht der Südkapellen.

47 Der Blick zur Westwand des Mittelschiffes lässt den strengen Purismus romanischer Architektur eindrucksvoll zur Geltung kommen.

48 Das ursprünglich den Westgiebel des romanischen Kirchendaches zierende Steinkreuz wurde 2004 im Chorraum der Basilika aufgestellt. Seit einer Reihe von Jahren findet in der Klosterkirche am letzten Sonntag im August der so genannte Zisterziensertag statt, an dem Mönche des Ordens – ganz im Zeichen des Kreuzes – für eine kurze Zeit nach Eberbach „heimkehren".

49.1 Die Klosterkirche ist die Hauptspielstätte des alljährlich stattfindenden Rheingau Musik Festivals – eines der größten Klassik-Musik-Festivals in Europa. Der Chorraum, einst Standort des Altars, bietet heute Platz für weltberühmte Chöre und Orchester.

49.2 Blick vom Querhaus in das südliche Seitenschiff und die angrenzenden Grabkapellen. Bei dem in der Bildmitte erkennbaren Sockel eines kleinen Bündelpfeilers handelt es sich um eine an dieser Stelle verbliebene Requisite aus dem Film „Der Name der Rose".

49.3 Am ersten Sonntag im Dezember feiern die Rheingauer Winzer im Kloster ihr Erntedankfest. Die Basilika wird zu diesem Anlass mit „Butten" an den Pfeilern des Langhauses dekoriert.

50 Blick vom Langhaus in das nördliche Querschiff.

51 Aus romanischer Zeit hat sich die große Kredenznische an der Südwand des Chores mit zugehöriger Piscina erhalten.

52.1 Blick nach Westen in das nördliche Seitenschiff. Der Lichteinfall im Vordergrund wird durch das zum Kreuzgang führende Portal ermöglicht, das heute den Haupteingang für Besucher bildet.

52.2 Das Kloster verlor nach der Säkularisation fast seine gesamte Ausstattung. Eine Ausnahme bildet die stattliche Sammlung mittelalterlicher Grabplatten, deren Abtransport wohl nicht lohnend erschien. Im nördlichen Seitenschiff der Klosterkirche befinden sich heute die Platten von 29 Eberbacher Äbten, in der Darstellung zumeist an Krummstab und Mitra erkennbar. Daneben haben sich auch die Grabmäler zahlreicher Adliger und Zustifter erhalten, die das Kloster einst als letzte Ruhestätte gewählt hatten. Im Bild: das Grabmal des 1357 verstorbenen Grafen Johann II. von Katzenelnbogen.

53 Vor den großen – im 19. Jahrhundert zeitweise zugemauerten (!) – Maßwerkfenstern der Südkapellen steht eine „verworfene“ Grabplatte des Ehepaares von Allendorf. Die Platte wurde später „zweitverwertet“ – als Grabplatte für den 1506 verstorbenen Abt Martin Rifflinck. Die Abbildung zeigt die ältere Seite mit der wohl von den Auftraggebern nicht akzeptierten Darstellung.

Das Mönchsdormitorium

Der in seinen Abmessungen sehr eindrucksvolle Schlafsaal der Mönche wurde im 13. und 14. Jahrhundert erbaut und ist eine architektonische Meisterleistung der frühen Gotik. Da das Bodenniveau von Norden nach Süden um rund einen halben Meter abfällt, mussten die Säulenschäfte zum Ausgleich im gleichen Maße vergrößert werden. Dadurch wurde der fast 73 Meter lange Saal perspektivisch noch weiter verlängert.

54 Blick durch das westliche Schiff des Mönchsdormitoriums nach Norden. Die Treppe in der Bildmitte führt heute zum Abteimuseum im Nordflügel der Klausur. Der fensterseitig heller erscheinende Boden markiert den Bereich, in dem sich eine im frühen 16. Jahrhundert eingebaute und bei der Renovierung 1929/31 wieder entfernte Flucht von Einzelzellen befand.

55.1 Insgesamt 22 Kreuzrippengewölbe bilden den Deckenabschluss des ehemaligen Schlafsaals.

55.2 Fast scheint es, als würden die einzelnen Rippen der Gewölbe aus den laubgezierten Kapitellen herauswachsen.

Nachfolgende Doppelseite Der über 1.000 qm große Raum, in dem die Mönche früher dicht nebeneinander auf einfachen Holzpritschen schliefen, kann seit dem Rückbau der frühneuzeitlichen Zellenfluchten wieder in seiner mittelalterlichen Erscheinung erlebt werden.

Die Fraternei

Die Fraternei (der Brüdersaal) war jener Raum im Kloster, in dem sich die Mönche außerhalb der Betzeiten aufhielten und arbeiteten. Es wird vermutet, dass dieser Raum in erster Linie als Skriptorium benutzt wurde – jener Ort also, an dem die Bücher der Bibliothek in mühseliger Handarbeit kopiert wurden. Durch den im 15. Jahrhundert aufkommenden Buchdruck wurde diese Funktion immer mehr entbehrlich. Spätestens gegen Ende dieses Jahrhunderts wurde die Fraternei daher als Weinkeller genutzt.

Die heute gängige Bezeichnung des Raums als „Cabinetkeller" stammt aus dem 18. Jahrhundert, als hier die Eberbacher Spitzenweine eingelagert waren. Der Begriff „Kabinett" als Prädikatsbezeichnung für deutsche Qualitätsweine geht in seinem Ursprung auf den Eberbacher Cabinetkeller zurück.

58 Der Cabinetkeller im Kerzenschein. Die im vormaligen Arbeitsraum der Mönche aufgestellten Fässer sind heute leer, bieten jedoch eine stilvolle Kulisse für Weinproben.

59.1 In diesem zweischiffigen und kreuzgewölbten rückwärtigen Teil der Fraternei befand sich früher das „Cabinet", in dem heute die bekannten Eberbacher „Kabinett-Weinführungen" ihren passenden Abschluss finden.

59.2 Die Fässer im Cabinetkeller sind mit schmiedeeisernen Kerzenhaltern bestückt.

59.3 Erlesene Kreszenz aus dem Lieblingsweinberg der Eberbacher Mönche.

96
Steinberger

RHEINGAU
KLOSTER EBERBACH
2004
STEINBERGER
RIESLING KABINETT
TROCKEN

Der Kapitelsaal

In dem am Kreuzgang liegenden Kapitelsaal wurden die Angelegenheiten der Abtei beraten, geistliche Lesungen gehalten, Streitigkeiten geschlichtet und, wenn erforderlich, zu Gericht gesessen. Außerdem wurden hier die Äbte gewählt – und begraben.

Der ursprünglich romanische Raum wurde in der Gotik in seinem Inneren vollkommen neu ausgeführt, mit einem prachtvollen Sterngewölbe versehen und um 1500 durch Ranken- und Blumenmalereien verschönert. Letztere haben sich, zeitweilig unter Putz versteckt, bis heute erhalten.

60.1 Blick vom Kapitelsaal zum spätgotischen Bibliotheksbau.

60.2 Der Kapitelsaal diente einst auch der Bestattung der Äbte. Die ehedem hier verlegten Grabplatten wurden nach ihrer Hebung und konservatorischen Sicherung im nördlichen Seitenschiff der Basilika aufgestellt.

61.1 Der Innenraum des Kapitelsaals ist durch ein hochgotisches Stern- oder Schirmgewölbe geprägt.

61.2 Vom romanischen Kapitelsaal haben sich zwei rundbogige Arkadenfenster zum Kreuzgang hin erhalten.

61.3 Details der Säulenbasen an den Arkadenfenstern.

Das Mönchsrefektorium

Der Speisesaal (Refektorium) der Mönche wurde um 1720 neu errichtet und spiegelt das barocke Leben in Eberbach wider. Die einst so karg lebenden Mönche aßen und tranken nun in einem kleinen Festsaal, dessen Decke 1738 in der Tradition des Mainzer Hofstuckateurs Daniel Schenk ausgeführt wurde. In den vier Ecken befinden sich Putti als Allegorien der Jahreszeiten, an den Langseiten fungieren Engel als Wappenträger. Nur das erhaltene romanische Stufenportal erinnert heute noch an den Vorgängerbau.

Der große Nussbaumschrank ist das einzige historische Möbelstück, das dem Kloster erhalten geblieben ist. Als nach der Säkularisation der große Ausverkauf des Inventars begann, lag er – in seine Einzelteile zerlegt – unbeachtet auf einem Dachboden.

Heute finden in dem sehr repräsentativen, holzgetäfelten Saal unter anderem Staatsempfänge der Hessischen Landesregierung statt. Wer möchte, kann die „gute Stube" des Klosters aber auch für eigenen Veranstaltungen anmieten.

62 Die Stuckdecke im Refektorium – ein Inbegriff barocker Prachtentfaltung. Der gestrenge Ordenspatron Bernhard von Clairvaux hätte es sich wohl kaum jemals vorstellen können, dass einmal Mitglieder seines Ordens in solch prunkvollem Rahmen ihre Mahlzeiten einnehmen würden.

63.1 Heute können sich im Refektorium unter den ernsten Blicken der im Barock porträtierten Äbte bis zu 100 Gäste bei einem Bankett versammeln.

63.2 Der im Refektorium aufgestellte Nussbaumschrank aus dem 17. Jahrhundert ist mit dem frühbarocken Klosterwappen verziert.

63.3 Das „sprechende Wappen" am Schrank wird von oben nach unten gelesen: „Kloster-Eber-Bach".

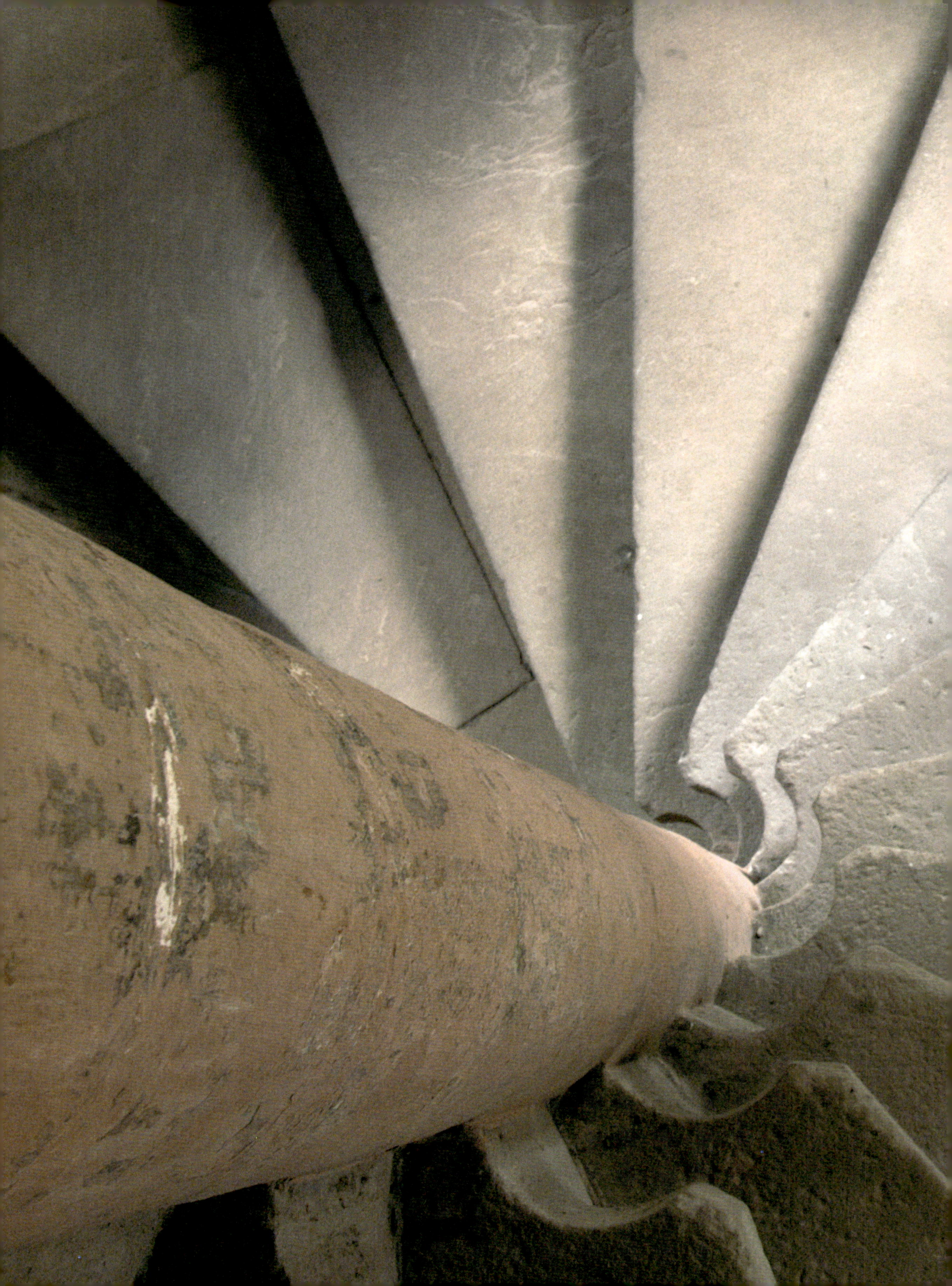

Das Abteimuseum

Seit dem Jahr 1995 besitzt das Kloster ein eigenes Museum im Obergeschoss des Nordflügels und der nördlichen Hälfte des Bibliotheksgebäudes. Hier wird die Geschichte der Abtei und des Zisterzienserordens dargestellt und anhand künstlerisch wie historisch bedeutsamer Originalzeugnisse aus der klösterlichen Vergangenheit dokumentiert. Im Obergeschoss des Klausur-Nordflügels befand sich bereits im 18. Jahrhundert ein „Musaeo" – eine Art Raritätenkabinett. In dem romanischen Wärmeraum über der ehemaligen Klosterküche ist das älteste im deutschen Sprachraum erhaltene Grisaille-Ornamentfenster zisterziensischer Provenienz ausgestellt. Dieses kunsthistorisch hochrangige Exponat wurde um 1180 gefertigt und befand sich ursprünglich wohl im südlichen Querhaus der Klosterkirche (Abb. S. 12).

Vorhergehende Doppelseite Ein Treppenturm erschließt das Obergeschoss des Bibliotheksgebäudes, in dessen Nordhälfte heute ein Teil des Abteimuseums untergebracht ist.

66.1 „Der heilige Bernhard entsendet in Clairvaux den Gründungskonvent nach Eberbach" (Ausschnitt aus einem großformatigen Ölgemälde). Das Gemälde wurde um 1705 von Abt Michael Schnock in Auftrag gegeben und legt Zeugnis vom Selbstbewusstsein der damaligen Klostergemeinschaft ab. Das monumentale Bild überstand die Wirren der Säkularisation und befindet sich heute im Eigentum der Zisterzienserabtei Marienstatt.

66.2 „Consilio et amore" (Mit Entschluss und Liebe). Der Wahlspruch des Eberbacher Abtes Michael Schnock aus Kiedrich (1702–1727) – als Bekrönung seines auf einem Messgewand aufgestickten Wappens.

67 Der im frühen 18. Jahrhundert eingerichtete „Winterkapitelsaal" diente der Versammlung des Konvents in der kalten Jahreszeit, besaß er doch den Vorzug, beheizbar zu sein. Der Raum ist heute Teil des Abteimuseums und beherbergt sechs überlebensgroße Skulpturen des berühmten Mainzer Hofbildhauers Burkard Zamels, die ehedem zur barocken Ausstattung der Klosterkirche gehörten.

Das Laienrefektorium

Nach dem drastischen Rückgang der Zahl der Laienbrüder bis zum Ende des 15. Jahrhunderts wurde deren im Erdgeschoss des Konversenbaus liegender Speisesaal als Weinkeller genutzt. Seit den fünfziger Jahren des 20. Jahrhunderts hat hier eine Sammlung von zwölf historischen Weinkeltern, die aus den Jahren 1668 bis 1801 stammen, ihren Platz gefunden.

Die beeindruckenden Kreuzgratgewölbe mussten im 19. Jahrhundert aus statischen Gründen durch Gurtbögen verstärkt werden, da das Gebäude zuvor um die so genannte „Barocketage" aufgestockt worden war.

68.1 Unter den mit Gurtbögen verstärkten Gewölben des Laienrefektoriums kann der Besucher eine Sammlung eindrucksvoller Jochkeltern besichtigen.

68.2 Detail des Laienrefektoriums: Die Fässer verweisen auf seine zeitweilige Nutzung als Weinkeller.

68.3 Obwohl zum Teil schon über 200 Jahre alt, waren die im Laienrefektorium aufgestellten Keltern zum Teil noch bis Anfang des 20. Jahrhunderts in Betrieb: ein Beweis der hohen handwerklichen Qualität zisterziensischen Wirkens.

69 Kelter No. 9 mit der Inschrift VINUM DELECTAT ET LAETIFICAT COR HOMINUM – „Der Wein ergötzt und erfreut des Menschen Herz". Liest man die hervorgehobenen Buchstaben als römische Ziffern und addiert sie, lässt sich das Erbauungsjahr herleiten: 1801.

Das Laiendormitorium

Außerhalb der den Mönchen vorbehaltenen Klausur wurde bereits Anfang des 13. Jahrhunderts der mächtige romanische Konversenbau errichtet, der zur Unterbringung der Laienbrüder (Konversen) diente. In der ersten Etage befindet sich der fast 83 Meter lange Schlafsaal, der heute als der größte erhaltene mittelalterliche Profanraum nördlich der Alpen gilt. Er wurde zweischiffig angelegt und umfasst 13 kreuzgratgewölbte Doppeljoche.

Die klare rhythmische Gliederung in Form von Gewölben, Säulen und Gurtbögen verleiht dem Raum eine besondere, würdevolle Festlichkeit, die heute den vielen hier stattfindenden Veranstaltungen ein einzigartiges Gepräge gibt.

Aus einer teilweise auffallend „unbeholfenen" Kapitellzier lässt sich schließen, dass die Bewohner auch bei solchen Steinmetzarbeiten selbst Hand anlegen mussten. Es wird vermutet, dass im Kloster zu „Spitzenzeiten" weit über 200 Konversen lebten.

70.1 Einfache, fast gedrungen wirkende Säulen sind die zentralen Stützen der 13 Doppeljoche.

70.2 In der Barockzeit wurde der südliche Teil des Westschiffes abgetrennt und repräsentativ ausgestattet. Daran erinnert heute noch der reich verzierte Rankenstuck in dem Gewölbe zweier Joche.

71 Der zweischiffige, über 1.100 qm große romanische Saal kann heute bei Banketten und Festen bis zu 1.000 Menschen aufnehmen.

72 Eine Säule mit zum Boden weisenden Kapitell? Die Spiegelung auf dem Konzertflügel macht es möglich!

73 Stein-Way? Kloster Eberbach war im Mittelalter unter anderem für die Produktion hochwertiger Tonfliesen bekannt, deren Gestaltung für den heutigen Bodenbelag im Dormitorium modellgebend war. Im Zusammenspiel des schachbrettartigen Bodendekors mit den eindrucksvollen Kreuzgratgewölben entsteht so ein einzigartiges Raumerlebnis, das auch von Konzertveranstaltern gerne genutzt wird.

Das Kloster als Musentempel

Einen Beitrag zur Pflege des kulturellen Erbes der Abtei leisten alljährlich zahlreiche Konzerte und Ausstellungen, die durch den ganz besonderen Flair des Veranstaltungsortes einen einmaligen Charakter erhalten. Gleichzeitig ist es dem Besucher so aber auch möglich, die alten Räume in einem neuen Zusammenhang zu begreifen – weit ab von ihrer ursprünglichen zisterziensischen Strenge.

Erlebt man die hier stattfindenden Veranstaltungen des „Rheingau Musik Festivals" oder die „Kloster Eberbacher Sonntagskonzerte", möchte man sogar glauben, dass man sich an einem Ort befindet, der speziell für dererlei Genüsse geschaffen wurde.

74 Festlicher Kerzenschein und durch das Maßwerkfenster der Chorkapelle einfallendes Außenlicht sorgen für die angemessene Stimmung bei einem Konzert im frühgotischen Hospital.

75.1 Orchester-Aufbau in der Vierung der Klosterkirche. Im Bildhintergrund erkennt man das Hochgrab für den Mainzer Erzbischof Gerlach von Nassau, das im 18. Jahrhundert umgestaltet und durch die Grabplatte eines seiner Nachfolger – des Erzbischofs Adolf II. von Nassau – ergänzt wurde.

75.2 Die Vierung der Klosterkirche bietet auch großen Musikensembles reichlich Platz.

75.3 Bei dem im Rheingau häufigen schönen Sommerabenden ist der Kreuzgang mit den Klausurgebäuden eine ideale Kulisse für Freilichtkonzerte.

Das Hospital

Das im Osten der Anlage liegende ehemalige Hospital ist das einzige mittelalterliche Klosterhospital in Europa, das durch keinerlei Um- oder Einbauten im Laufe der Zeit verändert wurde. Bereits im frühen 17. Jahrhundert hatte es allerdings eine andere Funktion und diente schon bald als Kelterhaus.

Heute präsentiert sich das Innere des Gebäudes im Stil eines traditionellen Fassweinkellers und bietet den atmosphärischen Hintergrund für Weinproben und Sektempfänge.

76.1 Der um 1840 vom Hospital aus in den Berg getriebene „Nassauer Keller" beherbergt heute die edelsten Tropfen der Hessischen Staatsweingüter Kloster Eberbach. Die Raritäten dieser „Schatzkammer" gewinnen durch optimale Lagerung und intensive Pflege immer mehr an Wert und erzielen bei den alljährlichen Versteigerungen im Kloster teilweise enorme Preise.

76.2 In den im Hospital aufgestellten zahlreichen Holzfässern reiften früher so weltbekannte Weine wie der „Steinberger" – heute können er und andere edle Tropfen an stimmungsvoll illuminierten Fässern von den Gästen des Klosters verkostet werden.

77 Blick in das Mittelschiff des Hospitals. Die dunklen Verfärbungen an den Wänden, das so genannte „Schwarze Kellertuch", geben dem Raum heute seine besondere Atmosphäre. Das Kellertuch ist ein bei Winzern gerne gesehener Pilz, da sein Vorhandensein auf einen klimatisch stabilen Keller hinweist.

Nachfolgende Doppelseite Solch ein Belag auf den Weinflaschen ist ein Zeichen guter Lagerbedingungen, wie sie das Kloster vielfach zu bieten hat.

Die Klostergärten

Zisterziensermönche waren auch als Gartenbaumeister bekannt. Ihre Anlagen dienten einerseits der Selbstversorgung mit Obst und Gemüse, sie waren aber auch für die Produktion von Heilkräutern von großer Bedeutung.

Von der mittelalterlichen Gartenanlage hat sich in Eberbach bedauerlicherweise nichts erhalten. Erst nach der wirtschaftlichen Erholung der Abtei zu Beginn des 18. Jahrhunderts konnte eine grundlegende Neugestaltung der Gärten in die Wege geleitet werden. Der Kreuzgarten war dabei besonders reich ausgearbeitet und durch eine bis ins Detail geplante Symmetrie der Flächeneinteilung inszeniert worden. In den Nutzgärten wurde bevorzugt „feineres" Gemüse kultiviert und ein großer Teil der Flächen als Obstgärten angelegt.

Auch entstanden in dieser Zeit kleinere Bauten wie die Orangerie und das Gartenhaus des Abtes, die noch heute reizvolle Bereicherungen der Eberbacher Gartenlandschaft sind.

80.1 Die Eingangstür zur Orangerie wird durch die Wappenkartusche von Abt Adolf II. Werner aus Salmünster (1750–1795) bekrönt.

80.2 Das Mansarddach der Orangerie (Detail).

81.1 Malerisch in der Mitte des großen Abteigartens gelegen: die Orangerie aus dem Jahre 1756.

81.2 Blick aus dem Vierungs-Dachreiter der Kirche über den Abteigarten und das Rheintal nach Rheinhessen.

81.3 In Reih' und Glied: Eiben im barocken Formschnitt.

82 Der im Barock angelegte große Abteigarten ist durch eine Mauer vom nördlich gelegenen Teil des Klosters abgetrennt.

83.1 In jüngerer Zeit werden die Klostergärten im Sommerhalbjahr für wechselnde Skulpturenausstellungen genutzt. Im Bildhintergrund eine Buchskulptur der Ausstellung des Jahres 2004 – ein Werk der Bildhauer Wolfgang Kubach und Anna Maria Kubach-Wilmsen.

83.2 Die Orangerie im Abendlicht.

83.3 Schon deutet sich der Herbst an.

Winterzeit

At cum tonantis annus hibernus Iovi ...
Doch wenn des Donnergottes Winterzeit erscheint ...
(Horatius: Epodon Liber 2)

Eberbach im Schnee – was für den Betrachter im 21. Jahrhundert eine besondere Ästhetik beinhaltet, war für die Mönche des Mittelalters Teil einer harten Realität. Sie waren der Winterkälte in den ungeheizten Räumen fast schutzlos ausgeliefert, die Fenster besaßen keine Verglasung und die kleine „Wärmestube" nahe der Küche konnte nur gelegentlich besucht werden.

84 Alle Gebäude im Kloster Eberbach sind mit Schiefer gedeckt, der ursprünglich aus Steinbrüchen der Umgebung stammte. Im Winter wird das dominierende, monochrome Grau der Dächer durch gelegentlichen Schneefall aufgelockert.

85.1 Das an das Hospital im späten Mittelalter angefügte Wohngebäude wurde ursprünglich wohl als so genanntes Pfründnerhaus genutzt – ein Altersruhesitz, in den sich besser situierte Bürger „einkaufen" konnten.

85.2 Die Eibe ward zum Zuckerhut – auch der Schnee muss sich der barocken Formensprache anpassen.

86 Ein heute immer seltenerer Anblick: winterliche Idylle im Kloster Eberbach.

87 Himmelwärts: Gotische Architektur und barocke Ästhetik weisen den „richtigen Weg“.

88.1 Im Sommer ein lauschiges Plätzchen – im Winter lädt die Ruhebank vergebens zum Verweilen ein.

88.2 Wo man in wärmeren Jahreszeiten auf zahlreiche Besucher trifft, werden im Winter oftmals nur für wenige Gäste die Wege von Schnee und Eis geräumt.

89.1 Gegenüber dem Eingang zum Refektorium befand sich einst das Brunnenhaus, in dem sich die Mönche vor dem Essen die Hände wuschen. Nach dem Abbruch des Brunnenhauses im Barock ist heute nur noch die Brunnenschale (Lavabo) verblieben, die im Kreuzgarten der Witterung trotzt.

89.2 Der Dachreiter auf dem Ostflügel der Klausur – an einem frostigen Morgen vom Laiendormitorium aus gesehen.

Flora et labora

Spaziert ein Besucher mit offenen Augen durch die weitläufige Anlage des Klosters, wird er auf zahlreiche Szenarien stoßen, die auf ihn mal ästhetisch-pittoresk, mal romantisch-mystisch wirken mögen. Vieles davon stammt noch aus den Arbeits- und Lebenswelten der Mönche und hatte einst eine klare, heute oft nicht mehr erkennbare Zweckbestimmung.

Gearbeitet wird hier aber noch immer, und so verfügt das Kloster auch heute über einen kleinen Bauhof als Stätte der täglichen handwerklichen Arbeiten sowie – als Ersatz für die mittlerweile anderen Zwecken dienende Orangerie – über ein modernes Gewächshaus.

Auch die früheren Wirtschaftsgebäude im Westen der Anlage werden heute intensiv genutzt: Hier lässt sich stilvoll einkehren und übernachten.

90 Drei Bauepochen – drei verschiedene Fenstertypen. Links die Rechteckfenster des Neuen Krankenhauses aus der Barockzeit, in der Bildmitte das gotische Maßwerkfenster der an das alte Hospital angefügten Chorkapelle – flankiert von zwei romanischen Rundbogenfenstern.

91.1 Kloster Eberbach verfügte im Kisselbachtal über zwei sorgsam gepflegte Fischweiher. Im Bild: Der noch verbliebene Teich, der heute auch als Löschweiher dient.

91.2 Der Kisselbach auf seinem Weg ins Tal. Seit dem 18. Jahrhundert im zentralen Klosterbereich unterirdisch geführt, war das fließende Gewässer eine wichtige Voraussetzung für die Ansiedlung des Klosters an dieser Stelle. So konnte er für die Fischzucht gestaut werden und trieb zahlreiche Mühlen und Werkstätten an.

92.1 Die Wappenkartusche des Abtes Michael Schnock unter dem Mittelfenster des Gartenhauses verrät dessen Baujahr: 1722.

92.2 Das kleine Sandstein-Portal weist den Weg zum Prälatengarten mit dem Gartenhaus des Abtes im Hintergrund.

93.1 Das größte erhaltene Wirtschaftsgebäude des Klosters diente früher als Kelterei, Vorrats- und Mühlengebäude. Heute beherbergt es ein stilgemäß eingerichtetes Gästehaus mit einem behaglichen Gesellschaftsraum.

93.2 In der an einem sonnigen Hang im Südwesten der Anlage liegenden Klosterschänke, die in der Barockzeit als Stall- und Scheunengebäude erbaut worden ist, wird der Klosterbesucher heute rund ums Jahr mit klostertypischen Speisen und Getränken bewirtet. Im Bild: das Portal zur Gästeterrasse.

93.3 Gut behütet – die kleinen Pflanzen und Setzlinge im Gewächshaus der Klostergärtnerei.

Finis

Kurz nach Inbesitznahme der Abtei im Jahre 1803 wies Fürst Friedrich August von Nassau-Usingen den Zisterzienserkonvent aus dem Kloster aus und beendete damit das nahezu sieben Jahrhunderte dauernde Wirken des Ordens in Eberbach.

Aus der nachfolgenden weltlichen Epoche stammt ein kleiner Friedhof jenseits der Nordmauer des Klosters. Dieses schon im 19. Jahrhundert angelegte Areal wurde seinerseits vor langer Zeit aufgegeben und hat sich inzwischen in einen wildromantischen Ort verwandelt – Sinnbild und Künder des irdischen Zeitengangs.

in Frieden
Maria D'Avis
Thoenges
zu Montabaur
9. Januar 1808

Impressum

Herausgeber:
Stiftung Kloster Eberbach
65346 Eltville am Rhein
www.klostereberbach.de

Fotos:
Lisa Farkas
(Titelbild, 42, 47, 59.1, 77:
Oliver Hebel und Lisa Farkas)

Text:
Dr. Matthias Dietz-Lenssen

Lektorat und Produktion:
Verlag der
Universitätsdruckerei H. Schmidt
Corporate books, Mainz

Gestaltung:
media machine GmbH Mainz
www.mediamachine.de

Druck:
Universitätsdruckerei
H. Schmidt, Mainz

Erste Auflage

Printed in Germany

ISBN 3-935647-28-X

Wir danken der Credit Suisse Deutschland AG für die freundliche Unterstützung bei der Produktion diese Buches.

CREDIT SUISSE

Bild rechts Detail der Brunnenschale im Kreuzgarten.

Letzte Doppelseite Lageplan der Klosteranlage.

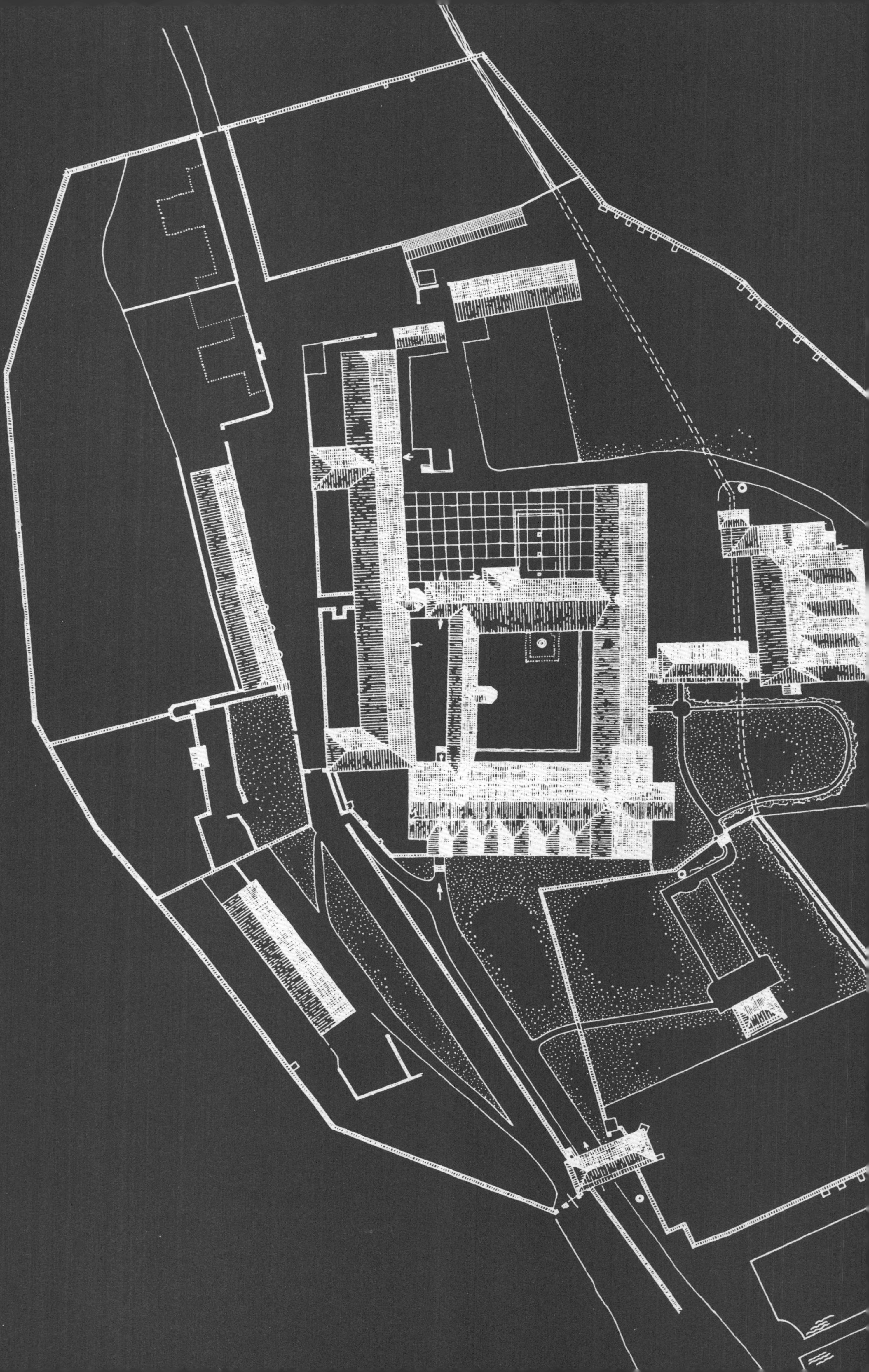